NF文庫
ノンフィクション

決意の一線機

迎え撃つ人と銀翼

渡辺洋二

潮書房光人新社

はじめに

この本を構成する短篇九作は、いずれも飛行機とそれに関わる人々が織りなす実話でつづられている。

主役はすべて日本軍の人機であり、海軍を五篇、陸軍を四篇とりあげた。おもな飛行機は昼間戦闘機、夜間戦闘機、偵察機、重爆撃機、高等練習機の五種だが、人はパイロットとその要員が主体で、一篇だけが技術者だ。

本書のタイトルの「一線機」は、実戦用機を示す第一線機を縮めた同義語。副題のとおり各篇には、進撃が頓挫し、戦勢がおとろえて守備にまわり、終焉を迎えるまでの航空戦力の実情が、いかなる状態、どのような内容であったかを、具体的に記述してある。同時にそれらの裏付けを、米側の公的および民間の刊行物などから、できるだけ得て表示できるように努めた。

　いずれも航空月刊誌に不定期で連載した、個人の活動を追う短篇がベースなので、重要作戦を俯瞰し詳述したような大河的な幅、深みと長さは、当然ながら伴わない。そのかわり、長篇では埋もれてしまう一局面での個人あるいは少人数の行動や思考、判断、感想、そして背景を、なるべく細かに表現できるよう文章を構成してある。

　著者が手がけてきた戦時中心の航空ノンフィクションに、守勢や苦戦の背景が多いのは、諸条件を制限されたもとで発揮される戦闘能力、乾坤一擲の精神力、あるいは質と量の不利に耐える持久力や迂回の決断力の、有無および優劣が容赦なく試される過程と、続いて生まれる各々の結果および影響を知りたい、と考えていたからだ。加えて、劣勢が強いる闘志、自己犠牲などのさまざまな人間性も、随所に見受けられて感動をもたらす。

　これら諸項目が、操縦員／操縦者、技師、飛行機、航空戦術を介して表現され、そこに自身の感情を持ちこんで、空の戦いに見る成りゆきの優劣を味わってもらえるのなら——。九つの短篇を、このように考えて用意した。

　そのうち八篇まではここ三年間に誌上に発表して、いずれも拙著には今回が初めての掲載だ。二〇年前に書いた一篇だけは、他社刊行の文庫（絶版）に既出なのを了解いただきたい。登場する技師たちの回想と独特な形状の飛行機が、戦争末期の受け身の状態をよく示していると思えるため、本書に取り入れた次第。

文中に出てくる軍使用の語句については、読みづらくない範囲で、海軍と陸軍それぞれに特有の言葉を記している。かつては海軍ばかりがもてはやされて、〝日陰の身〟だった陸軍の航空用語も、それなりに知られてきたようなので。

ただし、耳になじまない言葉、分かりにくい用語の意味などは、適宜（てきぎ）（　）内に注釈を加えた。また、会話を示す「　」のなかで話し手が省略する、あるいは略語を使う場合、〔　〕を付して省かれた部分を補っている。

できるだけ多くの掲載をこころがけた関係写真、要図とともに、太平洋戦争中盤戦からの受け身の戦い、対抗する航空戦のなかで、不退転の姿勢を保ち続けた軍航空の人々、優秀機を生み出す労苦にいどんだ技術者たちの姿を読み取り、知識にしていただくのは、著者にとって何よりありがたい。

決意の一線機——目次

決意の一線機

迎え撃つ人と銀翼

ラバウル、フィリピンで難敵を撃墜

——初めて語った戦中派コンバット・キャリア

手もとにトラック諸島・竹島で写した、第一航空戦隊の選抜搭乗員たちの写真がある。昭和十八年（一九四三年）十二月九日、明日は苦戦のラバウルへ彼ら二〇名と隊長だけが再び進出する、楽しからざるひとときだ。

筆者はこのうち三名に面談取材し、高石（旧・杉滝）巧さんの戦歴はすでに書いて、谷水竹雄さんが得た戦功も一部だが記述した。

杉野計雄（かずお）さんについては執筆の機会がないまま、三七年（本稿記述の時点で）がすぎてしまった。自身の怠慢を悔やみ、お詫びしつつ、ここに対談形式の短編を掲載する次第である。

機関兵から搭乗員への道

渡辺「地元の小野田セメント（現在の太平洋セメント）は著名な会社でした。ここに勤めてから海軍に入ったんですか」

杉野さん「ええ。工業学校を出て、昭和十三年の入社です。重役を手伝って株券整理をしていたら、大学への社費入学を薦(すす)められた」

渡「中等実業学校は中学校に準じますから、大学予科を受けられますね。上層部に認められた杉野さんの優秀さが分かります」

杉「いやあ。もし大学へ行かせてもらったら会社の奴隷と同じだ、と勝手に考えて、翌十四年五月に志願で呉海兵団に入りました。まだ十七歳です。重役は『残念だが仕方がない』と送り出してくれました」

渡「初めから操縦をめざして？」

杉「いや機関兵です。工業学校出だから、なにかの役に立つだろうと考えて。海兵団の機関科分隊にいるうちに、機関兵の悪い面が分かってきた。掲示板で操練（操縦練習生）募集のポスターを見て、気持ちが傾きました。同郷の一等水兵に相談し、受験を決めて、郷里から取り寄せたのでは期日に出せない同意書（長男なので）を作ったんです」

渡「あ、偽造(ぎぞう)ですか」

杉「そしたら何日かして、特務大尉で同県人の分隊長に呼ばれた。『お前の成績はいい。中学校（相当校）を出ていて、なぜ機関学校を受けんのか』と言われたから、操練受験を話して『親は飛行機もいいと納得してくれました』と」

渡「杉野さんは上役に買われる有能者なんですね」

杉「いやいや。こんどは機関学校出の分隊長が『飛行機志望はみな落とされて帰ってくる。ゆっくり受けに行け』と言う。海兵団修了まぎわに呉で受けたのは操練の五十三期です。学科、身体能力ともに、はっきり手応(てごた)えがありました」

渡「丙飛（丙種飛行予科練習生。操練の後身）へずれこんだのはなぜですか」

杉「海兵団を出て、新造駆逐艦の艤装要員の命令が出た。便利に使える従兵だからと、操練合格を伝えてくれた機関長が、飛練（飛行練習生）の入隊時期を遅らせたんでしょう。黒潮の公試運転がすむまで機関長付。おかげで全力運転の激しい操艦、航行を味わえた」

渡「霞空(かすくう)（霞ケ浦航空隊）へ行かれたのはいつですか?」

杉「十五年末に仮入隊です。ここで待っていたら『丙飛三期だ』と言われ、操練の続きで操縦は一期がなく二期からと説明を受けました。一年近く保留されたわけです。

訓練時、写真銃に写された九六式艦上戦闘機。杉野計雄飛行練習生は接近こそが命中弾獲得、空戦勝利の要点と理解した。

このとき二等機関兵でしたが、三等兵（のちの一等兵）が多かった。土浦〔空〕でざっと予科練教育を受けて、十六年三月から九三中練での飛練（第十七期飛行練習生）が筑波空で始まります。十月には大分空に移って複座と単座の九〇戦（九〇式艦戦）。続いて九五戦、九六戦」

渡「九五艦戦と九六艦戦の差は？」

杉「速度の優越です。細かな動きでは九五戦だが、九六戦の速度をともなう運動性の切れ味には敵いません。全然違う」

渡「同期（入団は七ヵ月あと）の谷水さんが杉野さんの射撃をほめていましたが」

杉「同時期に大分にいた〔三十五期〕飛行学生（海兵六十七期）が『すごいのがいる』と見に来ましたよ。写真銃射撃の段階で、教員の吉田〔滝雄〕三空曹からコツを教わりました。『接敵コースも軸線も合っている。ペラが触れてバーンと音がするまで近づけ』と。次はそのとおりに突っこんで吹き流しを割ったら、『よし、あれはもうやるなよ。一瞬前で避退しろ』。演習弾射撃に進んで、三人の組（ペア）のうち弾痕の八割に私の色が付いていた」

渡「要は接近、ですか」

杉「ラバウルへ出てから、後方内側からぶら下がって（追随して）、P－38の鋲（びょう）が見えるまで近づいた。ほかの空戦でも、〔スロットル〕レバーを絞り遅れて、ぶつけた！と思ったのが二、三度ありました」

渡「飛練のうちに射撃の開眼（かいげん）とは驚きます」

杉「途中で替わった中本〔公〕教員に『捻（ひね）りこみはどうやるんですか』と尋ねたら、『貴様、少しタマが当たると思ってのぼせるなよ』と目から火が出るほど殴られた。このとき理不尽を感じて、下位の者を殴らないと決意したんです。そのかわり、殴られたらタダではすまさない（笑）、とね」

「ミッドウェー」をはさんで

渡「飛練を十七年三月に終えて…」

杉「木更津基地の六空（第六航空隊）付です。四月に編成したての、占領地への進出部隊。台南空、三空、鹿屋空（戦闘機隊）からの戦闘経験者にわれわれみたいな新人が加わっていた。初めて零戦を見て『大きいな』、それに『馬力がありそうだ』と頼もしく感じました。操舵に敏感な九六戦が関脇で、安定感がある零戦が横綱。そりゃ零戦がいいですよ。なんと言っても火力が違う。空戦性能はあまり差が出ず、同位戦なら互角でいけます」

渡「呼び方はゼロセン、それともレイセン？」

杉「はじめのうちはレイセンだったが、言いやすいゼロセンに変わりました」

渡「零戦でミッドウエイへ向かったんですね」

杉「ミッドウェー作戦にさいして六空は二分され、私は『赤城』に乗艦し、谷水は北方作戦で『隼鷹』です。六空の零戦は格納庫に入りきらず、甲板係留だった。ミッドウェイ島攻撃や上空警戒にも使われました。被爆後、若年兵の私は搭乗員室の外で連続する爆発音を聞き、傾いた艦を脱出したのは陽が沈みかけるころです。

帽子の中のピストルを試射し自決を覚悟したら、駆逐艦のボートが来て助けてくれた。積極的に助けるのは搭乗員だけ、とあとで聞きました」

渡「敵潜水艦もいるし、現場海域からの離脱を急ぐために？」

杉「そうです。このあとサイパンに上陸したけど、どうやって内地に帰ったのか記憶がない。木更津では兵舎の周りに荒縄が張られ、便所も飯上げ〔炊事、搬入〕も別で外出もなし。軟禁が解かれたのは、アリューシャン作戦組が帰ってきた七月下旬で、零戦の領収と訓練が始まりました。このとき転勤命令を受けて、大分で『春日丸』乗組です。」

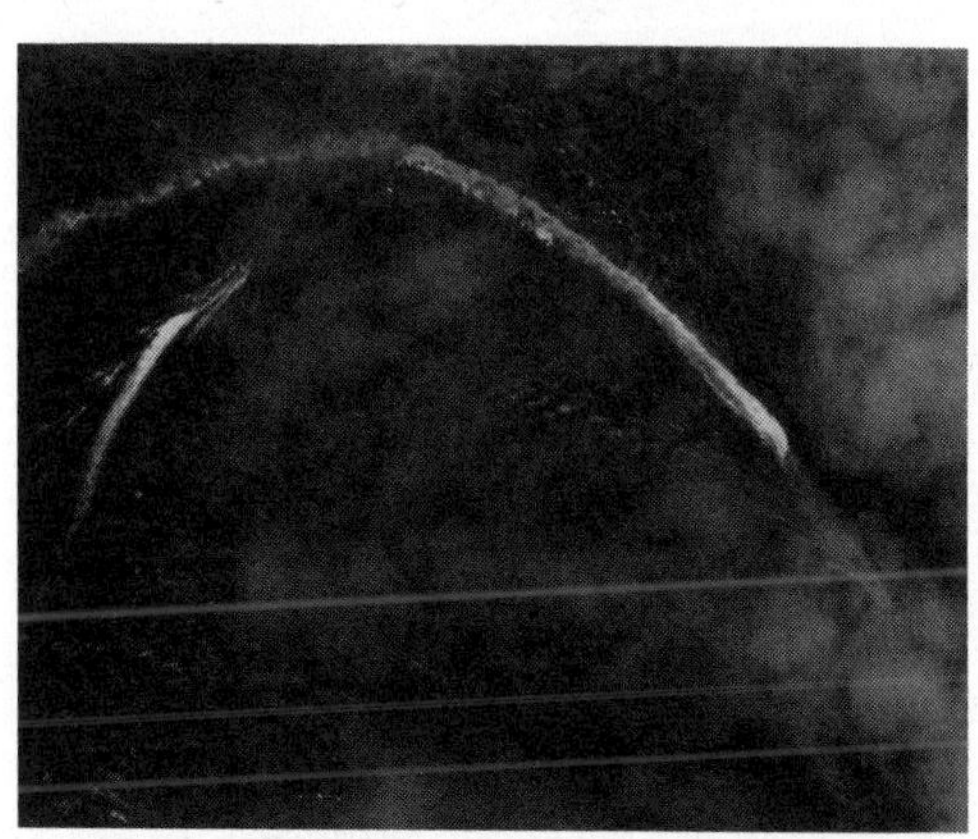

ミッドウェー海戦の昭和17年(1942年)6月5日、第431爆撃飛行隊のボーイングB－17Eが高度6100メートルから写した空母「赤城」と航跡。艦内に第六航空隊の杉野一飛がいる。

渡「特設空母から八月末に『大鷹』に改称された輸送空母ですね」

杉「敵襲にそなえた搭乗員一〇人の戦闘機隊があって。未経験の発着艦を、〔飛行〕甲板が狭くて低速のこの空母で三〇回ほどやった。機材は九六戦」

渡「空戦の機会は？」

杉「〔ギルバート諸島〕タラワと〔ミンダナオ島〕ダバオへの機材輸送、戦艦『大和』の対潜哨戒、上空掩護、それに第二次ソロモン海戦に加わったが、会敵せず、です。トラック泊地で雷撃を食って、修理のため呉に帰った。この間の訓練で射撃がいっそう向上しました」
渡「飛練を終えて半年ちかくを準実戦的に勤務したのは、技倆(ぎりょう)の面から幸いと思われます」
杉「そのとおり。このあと大村空で甲飛七期の飛練卒業を手伝って、佐世保空の戦闘機隊（大村分遣隊）で軍港の上空警戒や零戦空輸に飛んで四ヵ月です。このあいだに階級の名称変更で一飛（一等飛行兵）が飛長（飛行兵長）に変わった」
渡「大村空も佐空も、谷水さんと同時に転勤ですか」
杉「ええ。翌十八年二月下旬の『翔鶴戦闘機隊』への転勤も、またいっしょなんですよ。汽車で訓練基地の（宮崎県）富高へ行きました。五十一航戦（第五十一航空戦隊）の空母三隻の搭載機が集まっていて、自分用の零戦をもらった。二ヵ月いて、四月末には鹿児島県の笠ノ原(かさんばら)へ移ります。五月に入って下士官（二飛曹）に任官しました」
渡「谷水さんの話では、このときはまだ一個小隊三機編成だったと」
杉「そうそう。笠ノ原で小林（保平大尉）分隊長に言われて、四機小隊と爆撃について実験訓練を始めたんです」
渡「ドイツ発祥(はっしょう)、英米追随で現代にいたる戦闘機編隊ですが、杉野さんは三機とどっちがやりやすいですか」

18年7月の前半、トラック諸島へ向けて航行する「翔鶴」の上部格納庫で、葬儀用の写真を撮る。前列左から2人目が戦闘機隊の名分隊長である小林保平大尉、後列左端に杉野二飛曹、右から2人目は杉滝巧二飛曹。

杉「四機がいいですね。二機と二機だから、相互の支援体勢を作りやすい。しかし技倆が低下してそれが難しくなり、四番機をうまく追随させかつ掩護するのが最要点に変わった。三機だと大きな旋回をうったときなんかに、カモ番の三番機についてこさせるのが大変なんです」

ラバウル航空戦に加わった

杉「七月に南進中の『翔鶴』を追って笠ノ原を発ち、十月末まで〔トラックの〕竹島で訓練を続けた。『瑞鶴』『瑞鳳』の飛行機隊もいっしょです」

渡「一航戦の母艦機を投入し北部ソロモンの戦局挽回をめざす、十月二十八

増槽装備で北部ソロモンへ進撃する二〇一空の零戦二一型（サイパン島へ後退後の19年1月以降なら残置機材）を、杉野一飛曹が距離をおいて写し拡大した。開戦以来の型だが、新しめの可動機はラバウル引き上げまで使われていた。

日のろ号作戦発令ですね」

杉「搭載機だけのラバウル行きで、われわれは『山の飛行場』と呼んだブナカナウ（西飛行場）、『瑞鶴』隊と『瑞鳳』隊は『下の飛行場』のラクナイ（東飛行場）だった。中攻がいるブナカナウは標高があるから、出撃のさいに得なんです」

渡「もう劣勢が明白な時期でしょう」

杉「行って翌日の十一月二日が、私の本当の初陣でした。敵機はいつも南東のセントジョージ岬（ニューアイルランド島南端）から来襲する、と聞いていたのに、この日はB－25〔爆撃機〕が西から超低空で入ってきて、落下傘爆弾を投下していきました。

作戦打ち合わせ中の空襲警報で、「それっ」とてんでに離陸。上に三層の敵戦闘機がいると教わっていました。まず低空のB－25を追って、すぐに上空のP－38に目標を変えます。高度六〇〇〇～七〇〇〇メートルから降下してきた敵と、三〇〇〇メートルあたりでぶつかって、交戦に入った。私が四機編隊の二番機、長機の小林保平大尉は心技に秀でた名指揮官です」

渡「相手はラクナイへ地上攻撃をかけようとする、第475戦闘航空群のP－38ですね。たぶんF型」

杉「低空に下がったP－38は、動きが単調だから〔空戦を〕やりやすい。渡辺さんの話のように銃撃のため降下してくる四機を、こっちも四機で後下方に待ち受けて、距離を詰めていく。鋲(びょう)を区別できるまで寄ったら、細い二本の胴体と水平尾翼が作る空間は、零戦が抜けられそうなほど大きいんです」

渡「タマを当てにくい？」

杉「そう、やりにくい感じですね。こいつに斉射で火を吐かせて初戦果。次は、そばにいたF4Fを捕まえて、これも発火させた。さらにもう一機P－38に撃ちかかったら、二〇ミリ弾が切れました。七ミリ七（七・七ミリ）じゃ命中は分かっても墜ちません。

弾丸補給に帰ったら、整備員が地上から見て黒板に戦果を書いている。空戦をよく見ていて、私の三機目の相手は『墜落しました』と言ってくれた。搭乗員個人個人についても知っているんです」
渡「上々の初陣ですね」
杉「『翔鶴』の零戦もやられました（注・四機）。このうち山本（武雄）一飛曹は、私が補給に降りるときついてきて、被弾でささくれた風防の中で『二機撃墜』を手先信号で示しました。飛行場に降りたら、整備員から『後続機は誰ですか？』と聞かれ、『山本だ』と言うと、『落ちました』の返事です。すぐ墜落地点へ出向くと、軍医が検死して『首に刺さったままの一三ミリ弾が、頭を動かしたときに気絶させたらしい』。タマは（機内ではねた）跳弾だから、下から刺さっていた。山本の二機撃墜の戦果は報告してやりました」
ベテランの宮部（員規）中尉の空戦を見た陸軍の見張の話では、ココポ（南飛行場）の上空で六機ほども落としてから火ダルマで墜落したそうです。死因は火傷（絶命は翌三日?）」
F6F「ヘルキャット」とF4U「コルセア」
渡「十八年十一月の前半は、北部ソロモン（諸島）のブーゲンビル島周辺で空海戦が続きましたが」

杉「〔九九〕艦爆隊の掩護でタロキナ沖へ行った、八日の空戦は忘れられません。投弾後に旋回中の艦爆を守ろうと、指揮官の納富（のうとみ）健次郎大尉（「瑞鶴」隊長）がUターンしたときに、雲上からグラマン（第33戦闘飛行隊のF6F－3）が降ってきて一撃で発

上：米海軍にはめずらしく陸上基地を主用する第33戦闘飛行隊のF6F－3「ヘルキャット」が、中部ソロモン諸島のベララベラ島飛行場を滑走中に爆弾炸裂の穴に落ちた。主翼の中から12.7ミリ機銃弾を回収中。
下：12月19日、尾部に数発の20ミリ弾を食らいながら、ブーゲンビル島タロキナ飛行場に帰還した第216海兵戦闘飛行隊のF4U－1A「コルセア」。ラバウル上空で零戦の追撃をふりきったロバート・マーシャル中尉は無事だった。

火した。まさに眼前ですよ」
渡「杉野一飛曹（一日付で進級）は反撃？」
杉「すぐに追った。敵は四機ぐらいです。近くの零戦がついてきて、仕留めた一機は協同撃墜で報告しました」
渡「Ｆ６ＦはやはりＦ４Ｆよりも強敵ですか？」
杉「零戦と九六戦の差と感じました。Ｆ４Ｆ（の飛行特性）は零戦に似ている。私は、シコルスキーと呼んだＦ４Ｕがきらいでした。速度が出て、上昇降下がすばやい。後ろにつかれて逆ガルの形を見ると、いやな気持ちです。搭乗員（パイロット）も勇敢で、技倆はＦ４Ｆ、Ｆ６Ｆより上。手ごわいイメージをもちました。
　艦船攻撃の艦爆隊がひどくやられましたよ。高角砲の密な弾幕につかまって、投弾前に落とされたそうです」
渡「一航戦艦爆隊は二六機のうち一〇機が未帰還、という記録がありますね」
杉「母艦部隊のラバウル派遣は終わって、トラックに帰投。ところが指揮官に『瑞鶴』の中川〔健二〕大尉以下、『翔鶴』『瑞鳳』を加えた二一機が選ばれて十二月（十日）にまたラバウル行きです。名前は『瑞鶴』戦闘機隊。トベラ飛行場で二五三空の指揮を受けました」

渡「中川大尉を慕う人が多いですが」

杉「私もそうです。正直で出撃をいとわない、できた人だった。もう一人、『翔鶴』戦闘機隊長の小林大尉。二番機の私に敵弾が当たると見て、グンと引っ張って〔被弾から遠ざけて〕くれたりした。見事な人格、日本一の指揮官と思います」

渡「二五三空指揮下に変わってからの印象ぶかい空戦を教えて下さい」

杉「十二月の終わりごろ（二十六日）、上空哨戒の一直で早朝に上がったとき。谷水が列機でした。単機で来たB－24（写偵型のF－7？）に、四機で急角度の降下攻撃をかけて、エンジンを一つ止めた。燃料を引いて雲中に逃げられたが、四発〔機〕の戦果はほかにないから覚えているんです。

もう一つは年末から〔十九年の〕年始にかけて。いやなシコルスキーに追われる指揮官機の後ろに入り、敵弾を受けました。四〇～五〇発食って、飛行服、飛行帽は機体の破片だらけだったが、致命部への命中がなくて帰投できた。降りて機を見ると被弾でボロボロ。整備員に『直しようがない。博物館行きです』と言われました」

渡「ラバウルでの撃墜戦果はどのくらいですか」

杉「個人戦果だけで一五～一六機。B－25が一機のほかは戦闘機でした。航空記録に記入してあります。撃墜マークは描かなかった。

上：第345爆撃航空群のB－25D「ミッチェル」から11月2日の空襲時に撮影された、陸軍主用のココポ飛行場。画面右に二五三空（トベラ基地）の零戦二二／五二型が胴体着陸している。左の掩体豪内は陸軍の独立飛行第七十六中隊が残した百式二型司令部偵察機。
下：二五三空指揮下にある「瑞鶴」戦闘機隊の面々が、トベラ基地で整列。指揮官・中川健二大尉が左端に立ち、飛行長・岡本晴年少佐に戦果を報告する。前列左から人目が杉野一飛曹。思い思いの服装が苦戦を感じさせる。

搭乗割に毎回入ります。たまには休みたい、と蚊に食わせてもマラリアにもデング熱にもかからず、戦後に発症しましたよ（笑）」

渡「ラバウル総引き上げで、内地へはどうやって？」

杉「二月初めに、『瑞鶴』戦闘機隊の生き残りの一〇人が零戦七機でトラックへ飛び、『瑞鳳』に便乗して呉入港です。三年間いっしょに部隊を移ってきた谷水とも、ここで別れました」

単排気管で危機一髪！

杉「つぎの任務は一転して、空戦とは無縁な実用機を教える教員です。大分空と筑波空で飛行学生、予備学生、飛練を七月まで半年ちかく担当した。飛行作業の時間が長く、神経を使うからくたびれるんです。

分隊長の大尉から『予備学生に気合を入れろ』と命令された。『下士官が士官を殴れません』『下士官が殴るんじゃない。教員として殴るんだ』。仕方がないから整列させ、右手はまねだけ、左手で右肘（ひじ）を叩いて音を出しました。何人かすませ、『あとはお願いします』とごまかした。

渡「本当にやったら重大な軍規違反。うまく逃れましたね。この間の五月に上飛曹ですか」

杉「ええ。八月に本来は艦隊航空隊である六三四空へ転勤命令。戦闘一六七と一六三の二個飛行隊あって、私は一六七の方だった。訓練を岩国、ついで徳島基地でやって、

上：筑波空の零戦二二型と上飛曹に進級してまもない杉野教員。実戦続きのキャリアあいまにできた、機銃弾が飛んでこない練習部隊での骨休めの期間だった。
下：長距離飛行時の訓練か、増槽を付けて雲上を編隊で飛行する。左後方に続く列機、筑波空の零戦二一型（ツ－138）に杉野上飛曹がカメラを向けた。

敵機動部隊が台湾を攻撃した十月十日までここにいました。このときは比島(ひとう)へ行くとは思わなかった」

渡「比島(フィリピン)への南下が始まりますね」

19年9月、岩国基地で六三四空・零戦隊の定着訓練が進む。母艦着艦に慣熟した杉野先任搭乗員は採点役を務めた。

杉「鹿屋から沖縄の小禄(おろく)、それから完成前の飛行場（嘉手納の中(なか)飛行場）へ移り、十二日の午後に台湾の東方海域をめざして、艦攻、艦爆を掩護しつつ全力索敵に出た。雲かげから現われたF6F四機編隊に、零戦二機が撃たれて発火墜落です。私は即座に追いかけ一機を落としましたが、敵の奇襲に気づかない者が多かった。台湾付近での私の撃墜はこれだけです。

敵艦隊は見つからず、被爆で炎上中の高雄基地に零戦八機で降りたら、参謀が『〈北の〉台中へ行け』と」

渡「搭乗機は五二型だったと思います。乗

りなれた二一型と比べていかがですか」

杉「うーん、私は五二型にいやな思い出があって、どうも心理的に好きじゃないんですよ。

台中の全機が十月二十三日に、クラーク地区マバラカットをめざしたとき。リンガエンの手前、湾口の上で気分がひどく悪化し、めまいと吐き気に襲われました。高度は二〇〇〇~三〇〇〇メートルと低く、暑いんで風防を三〇センチぐらい開けていたんです。

汗がダラダラ出て、意識がぼける。深呼吸しても変わりません。クラーク地区は緑におおわれてよく分からず、やっとマバラカットに着陸。なんとか機から降りたら、頭の中を鉛の玉が占めている感じで、立っていられなかった。軍医の診断は『風邪じゃないかな』でした」

渡「上部の単排気管から出る、有鉛の排ガスのせいじゃないですか。似た例を聞きました」

杉「そうですよ。横になって休んでいて、排気を吸ったんだ！ と気づきました。これで五二型に好印象を抱きにくくなった。二一型と比較して速度の増大よりも、火力の向上を買いますけど」

渡「翌二十四日は比島沖海戦の始まりですね」

杉「朝、六三四空は他の部隊との合同で、敵機動部隊がいるはずのルソン島東方へ向かい天候不良で難渋したところへ、F6Fの大群（おそらく第38・2任務群か第38・4任務群の搭載機）にかかられました。列機三機もうまく飛んで、単独と協同で三機を撃墜」

渡「杉野小隊の被害は？」

杉「私は被弾しましたが、四機とも無事でした。グラマンの数が多く、態勢がよくない結果としては上出来です。それとこの乱戦で、前に話した四機編隊での苦戦時の対応をつかみましたよ。

六三四空は二十五日も可動全力の三〇機ほどが、他隊との合同で出撃し、グラマンと会敵し空戦に入った。前日同様に敵が多数で、一機を仕留めたが列機も一機がやられ、私は操縦席に被弾して軽傷ですみました」

戦況が日ごとに悪化する

杉「福田〔澄夫〕隊長の戦死をはじめ、負傷、特攻隊へ転出、転勤、派遣で、六三四空〔の零戦隊〕の准士官以上は皆無です。ラバウル派遣で苦労しあった中川健二大尉

が他部隊（六五三空・戦闘一六四と一六五）の飛行隊長で来て、セブ基地でひと晩なつかしく話したが、まもなく（十一月三日）セブからのレイテ島攻撃で、山越えを待ち受けた地上砲火にやられました」

渡「杉野さんはクラーク地区から、南のセブ島へ移動したんですか」

杉「これはレイテ島タクロバン〔飛行場〕への銃爆撃のために、臨時に進出したんです。六番（六〇キロ爆弾）二発を付けて、二日に八機で行きました。強襲で投弾と銃撃をかけて、四機が食われた。ものすごい対空火器の弾幕で、私の機も尾部の舵面が穴だらけです。クラークへは帰れないからセブに降りました。寄ってきた整備員が驚く被弾ぶりだった。だから中川大尉に弾幕のすごさを話したんだが。

前に列機だった大下〔春男〕飛長も、分隊長の尾辻〔是清〕中尉も、レイテ特攻（梅花隊）で戦死しました」

レイテ攻防戦がたけなわの11月(2日？)、タクロバンへの地上攻撃に突入する六三四空の零戦編隊。手前の小隊の先頭で杉野上飛曹がシャッターを切った。瞬時にふり返っての動作のため画像がひどく荒いが、かえって緊迫感がみなぎる。

渡「このあとセブからクラークへ？」

杉「はい。十一月が終わるころ、〔陸軍の〕アンヘレス西〔飛行場〕でいろんな隊の残存搭乗員が待機していた。敵機が接近中なのに、見張所が発進表示のZ旗をなかなか上げない。『敵、通過！』の声と同時にやっとZ旗が上がり、予備士官、歴戦の飛曹長、私の順で上がるとき、グラマンが降ってきて三機とも発火した。

〔時速〕七〇～八〇キロで走る零戦から放り出されるとき、自動曳索が引かれ落下傘が開いた。これを目標に敵機が撃ってくる、敵の降着と思いこんだ味方は燃える零戦に近寄らない。『友軍だー、日本だー』と叫びましたが、助けられたのは空襲が終わってから。機に引きずられて膝(ひざ)の皿が割れ、耳鳴りもひどかった」

渡「よく回復しましたね」

杉「陸軍の野戦病院で注射を打たれて半覚醒のとき、軍医が『こりゃ脊髄(せきずい)やられてる』『だめだ』と話す声が聞こえます。動けないなら自決しよう、とポケットの小型拳銃を確認し、夜中に引き金を引いたら、タマを抜かれていました。

翌朝、足に感覚がもどって無事と分かり、軍医も喜んでくれた。何日かして歩けたときは嬉しかったですね」

渡「搭乗可能はいつからですか」

杉「一ヵ月かかりました。

このあいだに内地から来た増援のなかに、同年兵の米田忠上飛曹（二五二空・戦闘三一五）がいました。筑波空でいっしょに教員を務めて、相手を恐れない気質も分かっていた。

米田に『敵は昔と違うぞ。無茶をしたらやられる』と話したが、十二月二十五日の朝に来た敵（第49、第475戦闘航空群のP－38J）を邀撃に上がって、帰ってこなかった。『杉か！　生きとったのか』と喜んでくれた彼が、先に戦死するとは」

渡「比島での杉野さん単独の撃墜戦果は？」

杉「全部で三二機ですから、ラバウルと台湾の分を引いて、一五～一六機です」

脱出は整備員のおかげ

渡「空襲と治安の劣化、敵のルソン上陸でクラーク地区に留まれず、二十年一月上旬に北部ルソンのツゲガラオへ後退しますね」

杉「一月六日に敵艦船がリンガエン〔湾〕に入ったとき、甲飛〔予科練〕一期の松田二郎少尉が命令で『紫電』の操訓を始めた。零戦よりは速いから、偵察に使うためです。数日後に出動し、湾内の大船団を見てあわてて帰ってきた。

これで移動が決まって、零戦の数がないから胴体内に搭乗員を積んで、ツゲガラオに下がりました。ここでは出動していません。一月のなかば過ぎから台湾への引き上げが始まって、搭乗員を一人でも多く空輸できるように、機材の手配や便乗指示につとめた。零戦の機内への便乗方法をなんども教えました」

渡「杉野さん自身の便乗は？」

杉「戦地なれしていたのと、先任下士〔官〕の責任感からですか、つい後回しにしてしまって。二月に入ってからは、整備完了の機ができないのなら、整備員といっしょに〔山に〕こもるつもりだった」

渡「うーん、それは。たいていの人には真似できませんよ」

杉「二月の十九日でした。整備の下士官が『一機、用意できます。脚は引っこまない零戦ですが、ちゃんと飛べます』と言ってきてくれました。

ツゲガラオ～高雄は三〇〇浬(かいり)（五六〇キロ）ほど。脚出しで充分飛びきれますから、高雄基地へ連絡してもらって、日没後の薄暮に出発した。五〇〇メートルぐらいの低空のまま北上し、バシー海峡を抜けるあいだに上にB－24（海軍型のPB4Yだろう）を認めました。もちろん脚出しでは攻撃できない」

渡「スムーズに着陸できました？」

杉「台湾南端の鵞鑾鼻(がらんび)から、高度をあげながら西岸を北へ向かい、高雄軍港に近づいたら、探照灯の光を浴びて目がくらんだ。高角砲を一発撃たれたが、翼を振ったら分かってくれました」

渡「着陸に難点はありましたか」

杉「よく使った飛行場なんで、問題なしです。このあと、戦闘機隊がいる台中へ飛んで、指揮所で二〇五空の司令・玉井〔浅一〕中佐に報告。六空付のころ、私は兵だったが記録係を命じられていたから、飛行長の玉井少佐の姿を知っていました」

渡「二〇五空は特攻が主戦法です。転勤を命じられなかったんですか」

杉「いっぷくのあと、一式陸攻で鹿屋へ送ってもらい、別府での特別療養を命じられた。毎日温泉に入って、申しわけない気持ちでした」

渡「以後は飛ぶ機会なく終戦を？」

杉「いや、五月から博多空へ先任教員で行って、座学ばかり受けもったが、いちどだけ中練で。〔特攻用の〕二十五番（二五〇キロ爆弾）を付けて上がれるかどうか試しました。離着陸とも大丈夫、が結果です」

渡「それは、杉野さんだからできた、とも言えますよ」

杉「このあとは二十八年（一九五三年）に海上自衛隊（当時は海上警備隊）に入るまで、操縦の機会がありません」

二級戦場はP－40Nが主敵

――華南・海南島から零戦が突っこんだ

日華事変における中国大陸の空は、華北（占領した中心地は北京）を陸軍航空が、華中（同じく上海、南京）と華南（同じく広東）を海軍航空が担当した。

太平洋戦争が始まり一気に戦域が広がると、海軍航空は大陸から出払って、陸軍第五航空軍が全域を担当した。しかし、米義勇団／AVG→中国航空任務軍／CATF→米第14航空軍／14AFと変わる参入米陸軍、すなわち在支米軍の威力向上につれて、陸軍航空の手不足、質的な差がめだっていく。

とはいえ昭和十八年（一九四三年）のなかばまで、海軍航空の実施部隊の必要性は内陸部、沿岸部のどちらにもなく、わずかに華南にある海南島の南西部、崖県で同年四月に開隊した、中間練習機教程の黄流（おうりゅう）航空隊があるだけだった。

着陸態勢の一式陸上攻撃機一一型から三亜基地を俯瞰する。十文字の滑走路の規模や、ゆったりした誘導路のようすを知れよう。海岸線の右遠方に出た岬を越えると楡林港がある。

ふたたびの海軍航空

しかし、今後ありうる中南支沿岸の各地への14航空軍機の来攻をはばみ、近海を航行する船団への空襲と潜水艦からの雷撃を防ぐため、十八年十月一日付で華南の南端沖に位置する海南島に、零戦と九七式艦上攻撃機の実施部隊・第二五四航空隊を新編、海南警備府（支那方面艦隊に所属）に配置した。中国方面で唯一の実施部隊の装備定数は、零戦二四機と九七艦攻四機で、基地の三亜（さんあ）は島の南岸部にあった。

同日、同じ三亜基地に三亜航空隊を、島の反対側の北東部沿岸に設けられた海口（かいこう）基地に海口航空隊を開隊し、第十四連合航空隊に配属。それぞれ零戦四五機が装備定数の実用機の訓練部隊で、海口空には艦上爆撃機一五機（のち四五機に増加）の装備も定めてあった。二〜三線級戦力でも実用機を持つ部隊は、敵が手うすならそれなりに使える。

海口基地の飛行場と迷彩をほどこした付属施設。左に大型格納庫、中央には庁舎や官舎などの各種建物が望見される。手前の明るい線が滑走路だ。

海軍管轄の海南島は九州に近い大きさだから、基地二ヵ所、三個航空隊の新設に問題は出ない。

二五四空司令の堀九郎大佐は、同じ基地の三亜空司令を兼務した。海口空の司令に補任された青木泰二郎大佐は、ミッドウェー海戦時の沈没空母四隻のうち唯一の生存艦長だった。

三亜も海口も、日華事変中の十四～十六年に第十四航空隊の九六艦戦と零戦が使って、基地には充分になじみがあった。かねて特別陸戦隊（海軍が持つ地上戦力）と警備府・警備隊が島内の中国軍や共産ゲリラと戦い続け、毎月数百名の敵戦死者と捕虜を報告していたから、十八年の時点でも占領地で戦地の様相を呈した。

開隊早々に二五四空の九七艦攻隊は、三亜から海口に移って航行艦船の対潜護衛に従事した。また半月後の十月なかば、主力・零戦の半分を華中・上海（十九年一月に華南・香港へ移動）へ派遣し、揚子江流域の船舶を襲うB－24「リベレイター」、B－25「ミッチェル」の邀撃任務についている。ほかに長時間の船団護衛と空輸用に、九六式陸上攻撃機一機が追加された。

十九年二月には二番手のナンバー部隊・二五六空が、華中の上海で開隊したけれども、大陸の海軍戦闘機隊はそれ以上は増えなかった。中国は基本的に陸軍の戦場で、加えてこの方面にまわす余力と必要性が海軍になかったからだ。

海南島は鉄、錫などの良質鉱石を産する。それらを積んだ輸送船や内地往来の船団の掩護も、二五四空の零戦の役目だ。三亜、海口基地をはじめ要地の上空哨戒、周辺地域の敵情偵察などの作戦行動、要務飛行も受けおう。もちろん各種訓練飛行もあるが、激戦終盤の南東方面、苛烈さを増す中部太平洋方面とくらべれば、十九年の二月なかばを迎えるまでは〝平穏〟と呼んでいいほど異変が見られなかった。

以下、主舞台を海南島に置く。

中堅操縦教員のキャリアは

開隊から一ヵ月半の十八年十一月なかばに転勤辞令を受けた、九名の搭乗員が横須賀空から三亜と台湾・高雄への零戦二一型の空輸を担当しつつ、十二月九日までに三亜空の庁舎（本部建物。二五四空も使用）に着任を報告にやってきた。これらの二一型は訓練用で、いずれも破損や故障を霞ヶ浦の第二航空廠で直した中古の修繕機だった。
大正の末（一九二四～二五年）に練習機に搭乗、空母も大陸の戦場も熟知した超々ベテランの分隊長・小林巳代次中尉を筆頭に、同様のキャリアをもつ超ベテランの山中幸三郎飛曹長、ラバウルとブインでＦ４Ｆ「ワイルドキャット」やＰ－38「ライトニング」と戦って負傷したベテラン・堀光雄上飛曹など、人格あるいは技倆の面で、練習航空隊には充分すぎる面々もいた。

大ベテランたちは確固とした操縦技倆と落ち着いた人格を買われて、三亜空の幹部教官に配置される。開戦後の第一線部隊に勤務した下士官たちの持ち場は、もちろん実用機教程を教えるインストラクターで、吉田一平一飛曹もその一人だった。

志願で呉海兵団に入団したのが十四年。翌十五年三月、第五十四期操縦練習生に選ばれて、十六年九月に吉田一等飛行兵は第三航空隊付を命じられた。

空母「龍驤」の九六式艦上戦闘機でフィリピン進攻作戦を経験ののち、空母「隼鷹」に転勤し、零戦による十七年六月四日のアリューシャン列島ダッチハーバー空襲に参加。飛行隊長・志賀淑雄大尉の三番機で、帰途にＰＢＹ－５「カタリナ」飛行艇二機の協同撃墜に加わったのが、吉田一飛の初戦果だ。

彼は会敵しなかったが、操練同期（入団は一年先輩）の岡田忠夫三飛曹たちの九九

開戦時には実施部隊にいて、母艦作戦も経験ずみのベテラン吉田一平一飛曹。中堅の実力があった。

艦爆編隊が、第11戦闘飛行隊のカーチスP－40E「ウォーホーク」と空戦に入った。果敢に戦って雲中に離脱した岡田機は、電波封止なので隼鷹から帰投方位を知らされず、ついに「北海ニ消ユルハ男子ノ本懐」を送信ののち海中に自爆した。

中練教程でウマがあった同期生の仇を、P－40を撃墜して討とうと決意を固めた吉田一飛に、その日が訪れるのは二年先である。

「隼鷹」の機関故障で、戦闘機隊のうち吉田一飛ら五名は臨時に「龍驤」に移り、八月二十四日の第二次ソロモン海戦で九七艦攻隊を直掩。前方に飛びこんできたF4F－4（第6戦闘飛行隊機らしい）に命中弾を与えて撃墜し、初の単独撃墜を記録した。吉田機も右翼と機首部に敵弾を受け、負傷を負って不時着水ののち駆逐艦「天津風」に救われた。

短時間の機動戦闘をへて、「F4Fは弱い相手ではないが、同数の巴戦なら勝てる」と吉田一飛は感じている。彼の直観力を推しはかれる判断だろう。

入院して傷を治してから、築城空で零戦を使って自身の練磨と若年者の母艦訓練、ついで大村空で九六艦戦による実用機教程の教員を務めた。この間に飛長、二飛曹と進級し、一飛曹に任用されて十三日後に三亜空教員を命じられたのだ。

B－25を落として待遇改善

零戦を空輸しつつ海南島に着任してきたのは、実は小林中尉以下一〇名だった。このうち、超ベテランの橋本勝弘飛曹長だけは海口空付なので、途中の天候不良で別れて、単機で沖縄・那覇近郊の小禄（おろく）飛行場に降りた。

飛行場には海口空へ向かう九九艦爆が先着していて、指揮官は橋本飛曹長より操練で六期先輩の老練分隊長・砂原篤三郎中尉だった。小禄から海口まで直距離でも二〇〇〇キロを軽く超える。単座機では荷重（におも）だから、「いっしょに行かんか？」と中尉が誘ってくれた。

偵察員が航法をこなす艦爆編隊と飛べば、方位を誤る心配はない。だが、長距離飛行では何が起きるか分からないから、事態の変化に対応しやすい単機を選び、砂原中尉に謝意を述べて辞退した。

台湾・台南基地を中継して海口に到着。庁舎で司令・青木大佐と副長の福元秀盛中佐に着任を申告すると、副長の罵声を浴びた。「バカ者！　なぜ艦爆と来なかった⁉」。任務完遂こそ最重要、と念じる橋本飛曹長は「飛行機を安全に届けるのが任務と思います」と答える。副長は反論されたと感じたのか、飛曹長への風当たりが以後なにかと感じられた。

福元中佐は陸戦隊の指揮官を長く務め、航空運用の知識ははっきり乏しかった。また砲

橋本勝弘飛曹長が三亜基地の一隅に立つ。開戦前に九五、九六艦戦で中国軍機との空戦をかさねた。

術出身の青木司令は空母「赤城」沈没以前に、木更津空副長、土浦空司令などの職についたが、実施部隊の作戦指揮は未経験だ。外地の練習航空隊らしく、二五四空／三亜空と同様、トップや幹部に冴えた人物が配置されていないのが分かる。

海口空の零戦は二一型で、十八年末～十九年初めには可動が二十数機あったから、九九艦爆と合わせて三〇機あまり。海兵六十七期出身の草刈正一大尉が飛行隊長と戦闘機隊分隊長の兼務で、年季的には問題ないが、飛行作業の方針に積極性がみられなかった。

飛行作業の主体は実用機教程、すなわち零戦二一型の飛行訓練だ。ほかに教官と教

員が、在支米軍機の飛来にそなえる邀撃待機任務につく。実施部隊の二五四空は島の南側の三亜で、海口基地と二二〇キロも離れていて、速やかな援軍を頼めないから、自前（じまえ）戦力での邀撃が必要だった。

華南を爆撃した第11爆撃飛行隊のＢ－25Ｈ「ミッチェル」が帰還中。機首に75ミリ機関砲１門と12.7ミリ機関銃８梃を備え、機動力を生かして対艦船・対地攻撃にも使われた。

食時どきにかかる即時待機の指揮任務が、橋本飛曹長に命じられる場合が多かった。食堂で食べる余裕はなく、にぎり飯と牛乳を機内に持ちこんで、操縦席についたまま食べる。夜明け前に機内に入って朝食をとったときもある。四機編隊を率いうる実戦経験者は、ほかに歴戦の杉尾茂雄飛曹長、吉松要（かなめ）上飛曹がいるだけだった。

敵機が海口基地の上空に初めて侵入したのは、着任から五ヵ月後の十九年三月四日。事前の警報がなく、見張員が「敵機ーっ！」と叫んだとき、高度五〇メートルの海上を西北西から、第3中米混成航空団のＰ－40ＫまたはNに護衛された第11爆撃飛行隊のB－25HかJ六機が、急に高度を上げて落下傘破砕爆弾をふりまき、零戦五機をはじめ旧式艦爆と旧式艦攻二十数機を破壊炎上して去っていった。

飛行場に出ていた橋本飛曹長は伏せてP－40の銃撃を逃れ、やっと離陸したが零戦の脚が入らず、追撃をあきらめた。ともに伏せた一人は大腿部に貫通銃創を負い、機内で受弾し息たえた練習生もいた。

合計二九名の隊員と軍属、中国人労務者（クーリー）が戦死し、火葬を指揮する飛曹長の耳に、艦爆分隊から「これじゃあ戦闘機隊はいらんな」との批判が聞こえる。南西方面の三空で撃墜をかさね、教員職では役不足の杉尾茂雄飛曹長と、二人で小さくなっていた。着任時に艦爆と同行せず、副長の気分を害した彼の立場が、邀撃未遂（ようげき）でいっそうグラついた。

この空襲ののち三月八日以降、B－25単機ついで三～四機が海口に来襲。P－40少数機（一度はP－38単機）も随伴していた。

十三日未明、南寧方面の敵情から、海口空は警戒の第一配備に移行した。未明から零戦（四機？）の機内で待機し、にぎり飯と牛乳で朝食をすますと夜明けだ。こんなときの指揮官には、飛行長の指示で橋本飛曹長が指名される。

指揮所で待命の第二待機へうつる十時三十分、「敵襲」が伝えられた。即時発動、飛曹長が最後に離陸し高度をとると、吉松上飛曹を列機に付けて、焼夷弾を投下後の第308爆撃航空群のB－25を北西へ追いかける。司令部が三機と判断した第51戦闘航空群・第26戦闘飛行隊のP－40の姿は視野になかった。

B－25の側方を追い越して充分な距離を得る。練度不足だとこの間隔が足りず、撃つひまなくすれ違ってしまう。旋回して敵機と正対する反航戦に入った。五〇メートル下は海面の低空飛行だ。ねらいはエンジン。直前方攻撃は成功し、片発から発火したB－25が海中に突っこんで水しぶきを上げるのを、橋本飛曹長も後上方を飛ぶ吉松兵曹も確認した。

昭和九年晩秋に呉空戦闘機隊で勤務をスタートし、空母「龍驤」、十二空、空母「赤城」と続く実施部隊歴のうち、十二空でポリカルポフI－15とI－16戦闘機を、合わせて三機撃墜。開戦後は練習航空隊付が続いたから、実に六年ぶりの戦果を海口空で上げたわけだ。これで飛曹長に対する飛行長の対応も変わり、機内待機での食事と縁が切れた。

海口から出動した零戦は彼をふくむ五機。そのうち、北につながる雷州半島へ追撃した二～三機が第308爆撃航空群のB－24三機編隊を見つけ、一機を落としたほか、第

26戦闘飛行隊のP－40三機の撃墜も報告した。逆にP－40側は陸軍「一式戦闘機」（零戦を誤認）三機撃墜を記録した。これら米軍の戦果と同様に、零戦の戦果も精度は不明である。

南寧をたたけるか？

海南島南西部の三亜基地は海口より規模が大きく、二個部隊で零戦も多いためか、前年以来攻撃を受けていなかった。島内要地の上空哨戒と空戦訓練に終始していた二五四空だが、十九年一月後半から要地の上空哨戒の頻度を増した。

警戒すべきは海南島にもっとも近い第14航空軍の基地、三亜から北北西へ五二〇キロの広西省・南寧だ。ここもかつては十四空が重用した基地だった。その後の中国陸軍の攻勢を陸軍地上部隊が排除しきれず、十五年九月の仏印（フランス領インドシナ）

進駐を契機に、有用性を失ったとして十一月に放棄。以後、敵手にゆだねられていた。

　海口基地を襲った十九年三月の二度の銃爆撃も、南寧からの出撃だ。同じ江西省の北東部にある柳州、桂林からの前進飛行場に使われ、海南島およびトンキン湾の各所へもＢ－25、Ｐ－40、Ｐ－38をくり出した。

　海南島の零戦三個部隊のうち、二五四空は海南警備府、三亜空と海口空は台湾・高雄警備府に所属するが、指揮権はいずれも海南警備府司令長官・松木益吉中将にあった。地理的観点から妥当な措置だろう。

　南寧基地は今後、明らかに脅威化する。揚子江根拠地司令部はかねて同基地をふくむ第14航空軍の主要基地での無線送受信を、通信諜報（ちょうほう）班が傍受、解析（かいせき）を進め、在地機種や機数を把握しかけていた。このＷ班情報にもとづき海南警備府は、まだ空襲を受ける前の二月上旬、初めて南寧への進攻を決意する。

　二月十四日の早朝五時半、二五四空の零戦九機が三亜基地から北北西へ飛んだ。一時間四〇～五〇分で南寧上空に達し、攻撃ののち九時半に帰投。戦死者が出ている（不時着時）が、損害の内容は不明だ。ほかにデータを得られず、初攻撃の詳細は分からない。銃撃のみで小型爆弾は使われなかったようだ。

　続いて二十七日。午前七時すぎに零戦四機が三亜を発進、南寧上空を航過して飛行

雲南省昆明の飛行場で第26戦闘飛行隊のカーチスP－40N－5「ウォーホーク」を中国兵たちに見せている。機首のシャークマウス中に描かれた◎と鹿の戯画が飛行隊マークだ。

場の在地機群を視認し、三時間後に帰投した。三月二日の午後も六機が偵察に出ているが、両日とも成果と損害は不明だ。

北部の海口基地がB－25とP－40に襲われたのは、この翌々日の四日と十三日だった。その報復のように二十三日の午後、二五四空から零戦一二機が南寧を攻撃した。

このころには海南警備府に、電信傍受による精度を高めたW班情報が揚子江根拠地隊から入電していた。

南寧に関しては、例えば二度目の来襲前日の三月十二日。午後二時六分発信「昆明より南寧、柳州宛出撃の隠語を送れり。南支（華南）、海南島、仏印方面、特に厳戒を要す」。午後十時五十九分「駐留機数P－40二三機（二機桂林より進出）、B－24〇機」。

当日の十三日は午後十時四十二分発信「P－40二三機、P－38一機、B－25一四機

（二機昆明へ後退）」

二五四空に三亜空および海口空を加えた海南島の零戦総力で、南寧をたたく進攻作戦が文書化されたのはこの間の三月八日だ。練空を巻きこんだ特異な戦策と言えるだろう。参加機数は「なるべく多数」、「奇襲攻撃のため機密裡に進め、通知部署は最小限」が基本条件で、NY作戦と呼称された。「NY」は、「南寧破り」あるいは「南寧をやっつけろ」の略ではないか。

海軍の略記号には、この種の語呂合わせ的、適宜混合的なものが少なくない。二五四空の尾翼識別記号は通常なら「54−」のところ、支那方面艦隊を示すCSF（[China戦域Fleet]だろう）から「CS」を用いている。

三亜基地で二五四空の鈴木一三二飛曹と零戦五二型。尾翼の白い部隊記号は254−または−54ではなくCSを用い、機番も戦闘機に通例の1で始まらない。

零戦攻撃隊に相互連携なし

海口基地が敵襲を受けてから、海口空にならって三亜空でも教官、教員が使う零戦二一型、二二型の二〇ミリ機銃を全弾装備にして、南寧からの奇襲にそなえた。

　三月中旬、同じ基地の二五四空、同じ練空の海口空との連合で、南寧基地への急襲作戦を実施する計画が、三亜空の主要搭乗員に伝えられた。選抜の可能性がある者は、実用機教育をすませたあとで、編隊機動、射撃など実戦用の訓練にかかる。空母からの作戦経験者である吉田一飛曹も、教員勤務でなまっていた腕の鍛錬（たんれん）に熱中した。

　三亜空の空中指揮は、超々ベテランの第二分隊長・中原常雄中尉。彼の進言が南寧攻撃の具体化を進めさせた面があったようだ。佐賀出身の葉隠れ武士で、鉄拳制裁を躊躇（ちゅうちょ）しない筋金入りの特務士官と一飛曹は見上げたが、かねて中原中尉を知る海口空の橋本飛曹長は「血気にはやるタイプ」と見なしていた。

　その海口空では南寧攻撃を命じられて、指揮所で参加搭乗員の人選へと進んだが、率先すべき飛行隊長・草刈大尉、次席の少尉（予備士官）が出たがらない。戦闘参入に直面して臆（おく）した、と筆者は推定する。

「それでは私が行きましょう」と発言した橋本飛曹長は、搭乗員たちに「帰投できれば、機材受領で内地へ帰すぞ。希望者は？」ともちかけた。

　B－25撃墜時の列機だった吉松上飛曹がすぐに応じ、ベテラン・森栄上飛曹も「下宿の娘に会いたいから、連れていって下さい」と答えた。ほかに水上機転科の伊藤茂美一飛曹、宮本守男一飛曹ら、対戦闘機戦が可能な者が選ばれた。敵機が来れば空戦するからだ。

　練空の士官操縦員は盛りをすぎた特務士官が多く、戦意はとくに高くない場合が多い。少数の将校操縦員もこれに準じ、全体として幹部は静穏なメンバーだ。また、第一線に関わらない実施部隊にもこうした傾向が見られ、海南島の三個航空隊の内容も例外ではなかった。ただ、練空二個部隊の准士官と下士官に、空戦の適応力をもつ操縦員が確実にいて、このＮＹ作戦を成り立たせている。

　三月十九日の朝に入電した南寧の駐留兵力は、Ｐ－40二〇機、Ｐ－38一機、Ｂ－25二五機。同夜八時、海南島警備府司令部から指揮下航空隊に、「二十二日午前八時までに準備をなし強襲決行」の命令が伝えられた。しかし華南方面の天候不順が続き、出撃は順延されていく。

　機材と編成は、制空任務の二五四空が五二型九機で第一中隊、銃爆撃任務の三亜空と海口空が二一型一二機ずつで第二、第三中隊だ。二五四空機は巡航でも燃費が大きく、空戦での消費大だから胴体下に三〇〇リットル増槽を付ける。三亜空と海口空は翼下に六番（六〇キロ）通常爆弾を二発下げ、増槽はない。爆装で増槽がないと、南寧往復は二一型の航続力でも余裕が少ない。

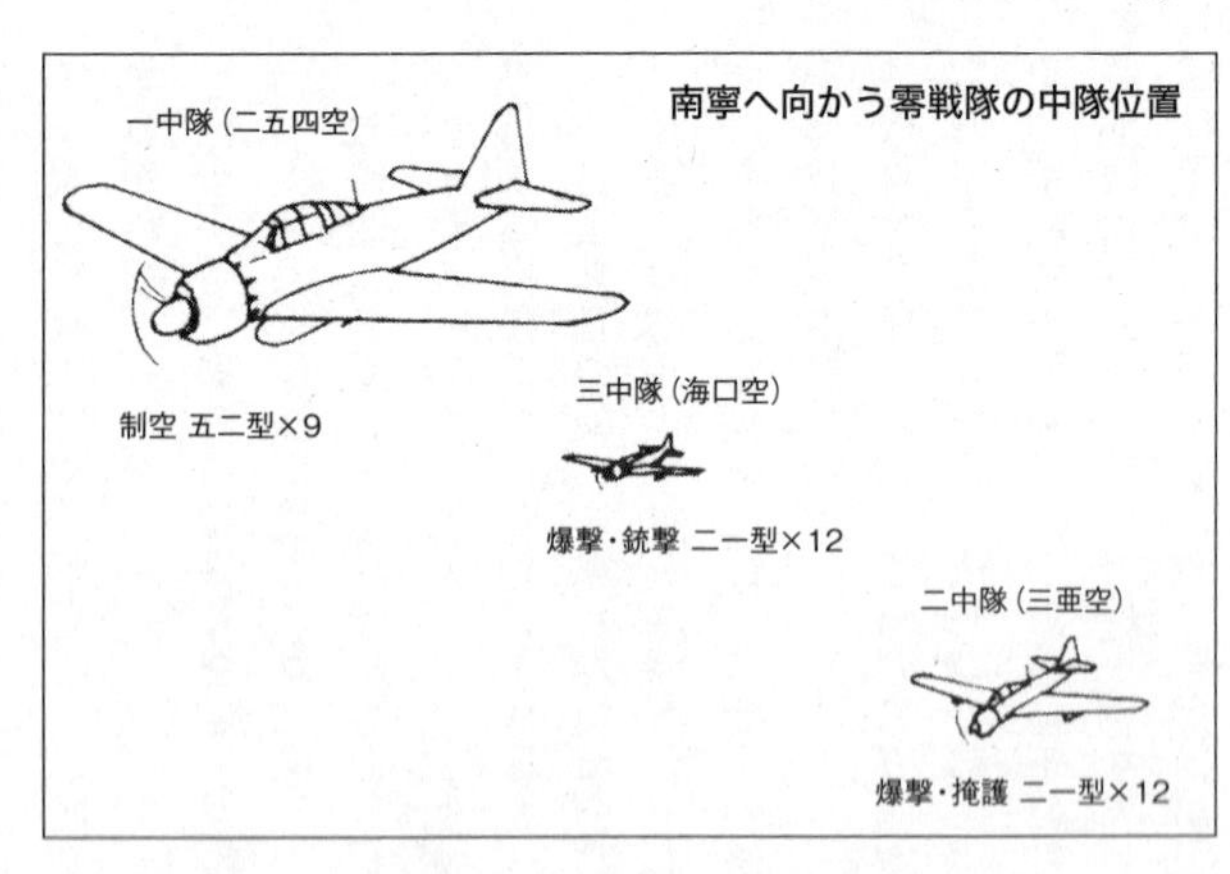

敵機との交戦が主務の二五四空／第一中隊が上空の最前方を飛び、三亜空／第二中隊はその下の左後方。海口空／第三中隊は二五四空のずっと右後方、いちばん低空を飛ぶ。爆撃後、三中隊は銃撃の二中隊を掩護する。

この命令伝達とは別に、三個部隊の出撃者幹部による戦法の検討が必須で、加えて作戦に沿った飛行パターンを擦り合わせるべきだが、合同訓練も意見交換も未遂に終わった。作戦を勘案し下令する、二五四空・青木司令ら三個部隊幹部の存在意義を疑う。

当初はNY作戦実施要領において、第一法を二五四空のみ、第二法を二五四空と三亜空、第三法で三個部隊と、参加戦力の変更もありうるように記してあったが、警備府司令部が第三法しか考えていないのは歴然だった。

制空隊が雲上へ消えていく

作戦実行の日は来た。四月五日。華南の天候は雲量が多くとも、雨季の始まりにしてはまずまずの概況だ。一中隊九機と爆装の二中隊一二機が、三亜から海口に四〇分で移動して、減少分の燃料補給にかかった。

二五四空・堀司令の訓辞がすんで、三亜空／二中隊長の中原中尉に二番機の吉田一飛曹が疑問をたずねる。「制空隊のすきをついて敵機が迫ったら、爆撃や〔三中隊機の〕直掩をやめて空戦していいですか？」。中原中尉の「やむを得んな。お前の判断に任せる」という返事に、兵曹の気が休まった。

空戦の予感が強い海口空／三中隊長・橋本飛曹長は「殿（しんがり）は狙われる。見張が大事だ。落とすより、まずやり合ってみろ」と、出発まぎわに部下に訓示した。

出撃開始時刻は記録により数種あるが、米側の邀撃記録や時差による違いも考慮して、二五四空戦時日誌に記載された午後一時（日本時間）をとる。一～三中隊の順で離陸、上昇。三個中隊の位置は前述のとおりで、やがて一機がトラブルで引き返す。

北北西へ向かい、海南島につながる雷州半島の上空を飛ぶ。橋本飛曹長の視野に地表から上がる狼煙（のろし）が入り、先へ先へと何本も情報伝達の白煙が上がる。十二空当時によく見た光景だ。南寧も以前に行って地形を覚えており、やがて「もう付近だな」と思える空域にやってきた。

曇天雲下の飛行ののちに上空に断雲が現われて、先任分隊長・前田博大尉が指揮する最上方の二五四空／一中隊が、すきまから雲上へ抜け出ていく。高度をかせぐ意図だろうが、それでは守るべき下方の二個中隊を見失いやすいから、制空隊としては感心できない。

このとき南寧基地にいたのは第26戦闘飛行隊の分遣隊だ。西北西へ四五〇キロの昆明に本隊と、上級組織の第51戦闘航空群司令部があった。南寧に三月八日から進出中の分遣隊は、P－40N「ウォーホーク」を装備し、P－51B／C「マスタング」への改変を進めていた。

第26戦闘飛行隊のP－40Nは速度、降下性能、火力が零戦五二型に勝り、運動性と上昇力、航続力は劣る。局地防空、邀撃（ようげき）に使うなら有利な機材と言え、編成以来三年三ヵ月P－40を使ってきた第26戦闘飛行隊にとって、運用は慣熟の域だ。空戦のほかにロケット弾、爆弾、一二・七ミリ弾での地上攻撃にもしばしば出動した。

中国軍の狼煙による伝達で、南寧に接近するのは三二機と判明。レーダーでの探知情報も伝えられた。第26戦闘飛行隊・分遣隊の一部はすでに別の作戦に出ており、基地防空用に残っていた五機がリンドン・Ｏ・マーシャル中尉の指揮で、ただちに曇天の空へ出動する。

進攻途上でしだいに高度を上げ、中段を飛ぶ三亜空／二中隊は一九〇〇メートルを

上：第26戦闘飛行隊のＰ－40Ｎが地上で待機する。4.5インチ・ロケット弾チューブを付けた対地攻撃仕様だ。この機は機種にシャークマウスが描かれていない。
下：Ｐ－40Ｎからの改変が進む同飛行隊のノースアメリカンＰ－51Ｂ「マスタング」。シャークマウスの中の飛行隊マークは廃止された。高度な飛行性能を発揮する優秀機。

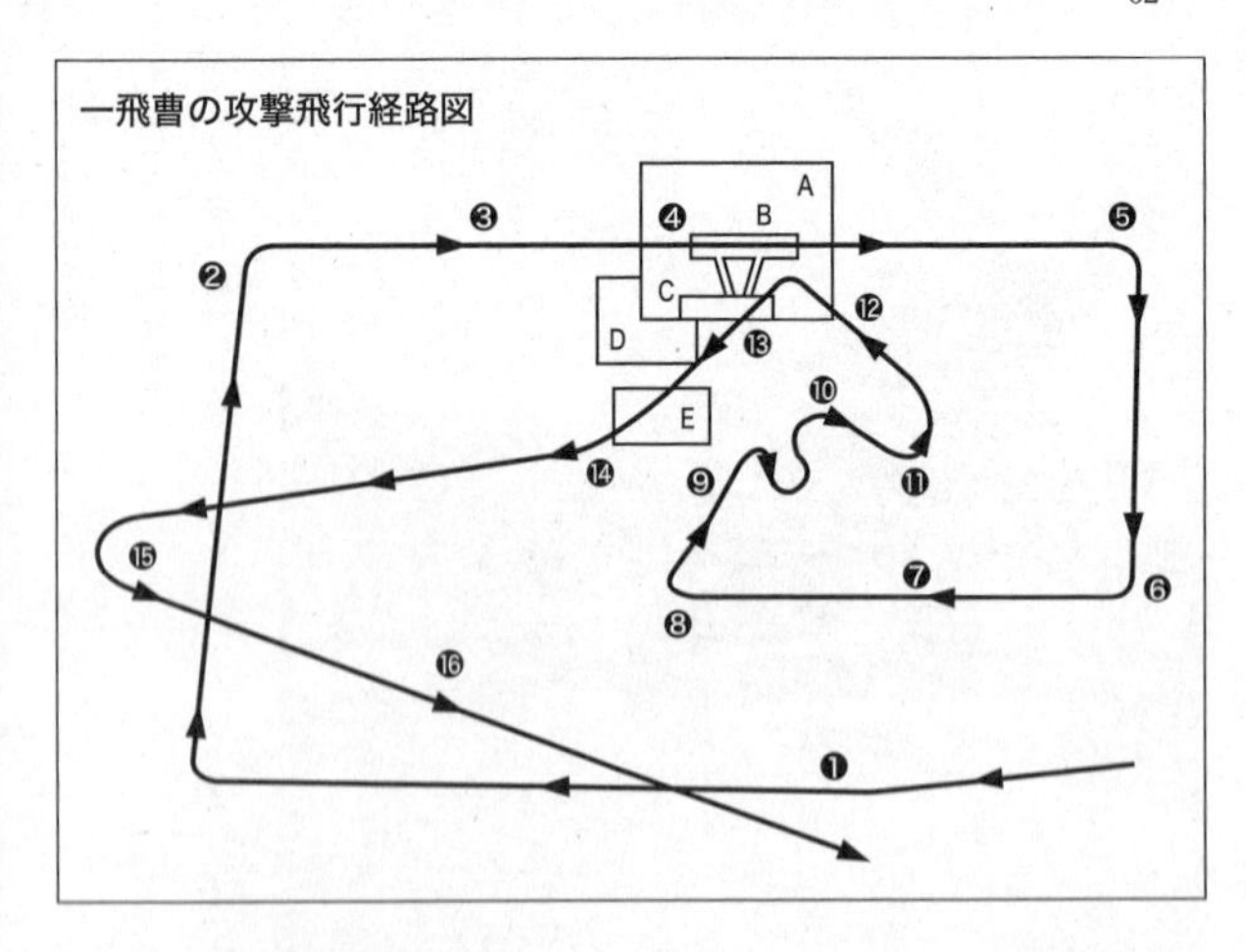

吉田一飛曹の攻撃飛行経路図

A：飛行場、B：滑走路、C：格納庫、D・E：関連施設

❶雲間に機影を見る。
❷格納庫を目標にして右旋回。高度1700メートル。
❸格納庫攻撃を３、４番機ににゆずり、滑走路に変更。
❹高度500メートル以下で爆弾投下。
❺高度150メートルで右旋回。
❻銃撃目標を探しつつ中原機と右旋回。
❼飛行場上空500〜600メートルに零戦の自爆を視認。
❽飛行場上空からP-40 ２機の銃撃を受ける。長機へ警告射撃。
❾飛行場上空から１機に撃たれ、右旋回で逃れる。
❿右前下方の敵に急降下射撃。
⓫離脱する敵を追うも、追跡中の零戦を認めて左上昇旋回。
⓬左前下方に１機発見。
⓭距離800メートルで攻撃に移行。
⓮敵は西へ逃避。
⓯燃料不足を懸念し追跡をやめる。
⓰戦域を東南東へ離脱。

飛んでいた。発進後一時間四〇分。燃費を気づかう吉田一飛曹は、明るみを増す空に安堵を覚え、やがて右前方に赤土色の地域が見えた。その中に滑走路らしい帯を認めて南寧基地と知り、緊張しつつ基地の側方を東から西へ航過する。

右へ大きく旋回、さらに緩降下しつつ右旋回して、中原中尉機に続いた。前方上空に敵影はない。高度五〇〇メートルで滑走路上空に突入する。右側の格納庫へ投弾したかったが、二番機と四番機が左前方に出てきたため、滑走路に六番を落として低空を直進。右やや後ろに大江清水一飛曹の四番機はいるが、左後方につく石田浅五郎一飛曹の三番機がついてこない。

高度は二〇〇メートル以下。中原中尉に後続して右旋回し、敵機を警戒しながら飛行場と基地の銃撃目標をさがす。ついてくる零戦は一機も見えない。上空に機影がいくつかあり、別の零戦が高度五〇〇～六〇〇メートルから炎を引いて墜落する。石田機かも知れない。飛行場の北西へ単機で突進する零戦が、大江一飛曹機のようだった。

降下突入、第26戦闘飛行隊のP－40

上空の三亜空／二中隊が爆撃にかかるのを見た海口空／三中隊長・橋本飛曹長は、左後方に従う吉松上飛曹機を確認して爆撃に入る。双発機、小型機が駐機中だ。

浅く降下しながら前方に一瞥（いちべつ）をくれ、二中隊の機数が増えて動きもおかしいのを見た。「敵だ！　こりゃいかん」。反射的に投弾して機首を起こすと、二中隊の前方の一機（中原機か石田機？）が被弾、発火して落ちていく。

飛曹長は回りこみ、零戦を食ったP－40の側方から迫って命中弾を与えて撃墜し、仇を討った。それからは乱戦状態だ。「掩護の一中隊が敵機を認めただろうから、三亜空の犠牲は少なかろう」と考えた。

暗灰色（実際は暗緑褐色）のP－40二機が、吉田機の右側方上空から迫ってくる。一飛曹は増速して中原機の前に出、バンクを打ちつつ七・七ミリ機銃を撃って知らせ、上昇離脱する敵機を追った。別のP－40から上方攻撃をかけられて中原機に追随できず、下方を旋回中の敵へ目標を移した。

二〇〇メートル左下方のP－40をねらって絶好の右後上方攻撃をかけようとしたら、その機を五〇メートル後ろから追う零戦に気がついて、攻撃を任せる。一連の急な機動中、零戦二一型の運動性の高さを吉田兵曹にあらためて感じさせた。

第26戦闘飛行隊のP－40N五機は五五〇〇メートルまで上昇。厚いモヤのため日本機が見えないので、三〇〇〇メートルまで降下して、多数の零戦に対し優位から攻撃を加えた。

南寧基地に第26戦闘飛行隊のP－40Nが不時着して壊れた。零戦襲撃時の画像ではないが、空戦終了後の状況を連想させる。

指揮官のマーシャル中尉は単機行動で上昇、降下、旋回をくり返し、後ろに占位できれば撃ちまくる。離陸から帰還をはたすまでの五〇分間に、南寧上空で「一式戦闘機二型（オスカー）」または「二式戦闘機（トージョー）」四機（ともに零戦二一型の誤認）の撃墜を記録。さらに撃墜不確実および撃破各一機も認められた。三月十三日に掩護任務で海口基地を襲撃し、同じ日本機一機撃墜を報告しているから、エースの座を手に入れたのだ。

　第26戦闘飛行隊の確実撃墜はマーシャルの四機、パトナム・G・アラン少尉の二機（ほかに不確実一機）をふくむ九機。対する損失は二機だけで、報告どおりなら五名全員が零戦二一型を落としたP－40Nの圧勝だった。上空からの第一撃が功を奏したのだろう。

　ついでに言えばマーシャル中尉の空戦時までの総

飛行時数は四〇〇時間台と少なく、アメリカ人の乗り物への慣熟の早さを知れる。このあと大尉に進級、第26戦闘飛行隊長を命じられ、第51戦闘航空群司令部での勤務をへて八月には帰国する。

三亜空／二中隊と海口空／三中隊の編隊は、完全に崩れていた。

確保すべき二〇ミリ弾の残弾もなく、他の三中隊機の所在も知れない橋本飛曹長は、後方、パイロットの顔が分かるほどの至近距離からP－40に撃たれた。目をくらませる被弾の衝撃。直後に離脱機動をとったが、敵は離れず追尾してくる。細かな操舵で射弾をかわすうちに高度が下がり、地表の緑が視野に入り出した。

高速飛行中の捻（ひね）りこみは御法度（ごはっと）だが、機体強度など念頭にない。実戦では使っておらず、分解してもいいと半ば無意識に上昇、頂点で失速に落としこむ。のめって前に出たP－40を逆に追い、七・七ミリ機銃を放つと、態勢不利を感じた敵は離脱の降下にかかった。十九年の時点での、まれな捻りこみ成功例である。

九死に一生を得た橋本飛曹長は、すぐに反転して洋上へ。翼内タンク部の外板に徹甲弾の弾痕が見える。爆発しない徹甲弾だから助かった。雷州半島西岸の沖にある潿（い）州（しゅう）島の上空から、同島に三〜四機の不時着零戦が見えた。

三亜空／二中隊の吉田一飛曹も高度一〇〇〇メートル前後の低空で攻防を続けるう

ちに、被弾炎上する零戦を少なくとも三機は目撃した。不利な空戦なのは歴然だ。ダッチハーバーの仇討ちのP－40撃墜はかなわず、深追いを避けて単機で東南方向へ全速離脱して二〇分あまり。左前方に単機の零戦を認めて接近する。

機内は三小隊長の掘光雄上飛曹。彼も吉田一飛曹を認め、乗機の機首を指さして手を左右に振った。被弾したエンジンが、間歇的に息をついて黒煙を吹く。操縦歴は自分が古いが、海軍は先輩の掘上飛曹の落ち着いた理知的な性格に好感をもつ一飛曹が、瀏州島不時着を示すとすぐに応じた。

降着の旋回を始めると零戦二機が現われた。吉田兵曹は堀機に最初の着陸をうながし、結局四機とも島の中央の飛行場に、燃料を残して無事に降りられた。三亜空三機、海口空一機である。

二つの大敗因

攻撃終了後の零戦隊は、海口基地に帰投する計画だ。橋本飛曹長が海口に降りたとき、制空任務の二五四空／一中隊は九機全機が帰っていた。

しばらく待っても、自分の三中隊と三亜空の二中隊は半分がもどらない（うち四機は瀏州島）。それまで「制空隊も〔激戦を〕やっただろう」と思っていたのに、「敵ヲ見ズ」で帰ってきたと知らされた飛曹長は、唖然とし憤慨した。不時着搭乗員を救うため、強行偵察機を出すよう具申したが、草刈大尉は許可しなかった。

判明した三亜空の未帰還者は吉松上飛曹、森上飛曹、伊藤、宮本守男一飛曹（不詳）の四名、三亜空は中原中尉、石田、岡部太助、久米武男、北岡富雄一飛曹の五名だ。すなわち零戦二一型九機が落とされ、九名が戦死した。この数は、第26戦闘飛行隊の確実撃墜機数と同一である。

これに対し、零戦二一型が報じた撃墜戦果もP－40九機だが、第26戦闘飛行隊の損失はP－40N二機とサム・L・ブラウン少尉だから、日本側の誤認過多と勝敗の結果は歴然と言えよう。ほかに地上攻撃でのB－25二機、P－40三機炎上が報告された。

爆装（すぐに投棄）の二一型とはいえ二四機の零戦に、P－40五機で圧勝できた原因のほとんどは、制空担当の二五四空／一中隊の失策に帰せられる。

中隊長の前田大尉は海兵六十九期出身で、飛行学生を終えて一年あまり。実戦的キャリアは乏しく、苛烈な戦域でなくとも三〇機以上を率いる進攻作戦の最先任者（実質的に指揮官）は荷が重かった。

増槽付きで燃料に余裕があり、速力と火力（二〇ミリ弾数と弾丸威力）が大きいうえ、高度が優位な五二型の一中隊が、敵前で断雲のあいだから雲上へ抜けて、攻撃任務の

二、三中隊の二一型と分離したのが、最大の敗因と言える。そのまま雲下を飛べば、P－40の制圧と撃墜は困難ではなかった。

もう一つ明白なのは、三個航空隊の戦法検討と合同訓練がなされなかった大失策だ。これらを実行していれば、おそらく制空隊の分離は防げたのではないか。

その原因を負うべきは、二五四空および三亜空司令の堀大佐と、海口空司令の青木大佐だ。ともに搭乗員ではないが、この程度の作戦を吟味し演習を下令できなくては、存在価値はないに等しい。司令を補佐すべき副長、飛行長、飛行隊長たちも同様の失態である。

練空ゆえに編隊機動の演習不足は、どうしても出るだろう。これを含むほかの敗因は本稿の目的からすれば、おおむね枝葉の範囲と見なしうる。いかなる戦闘においてもミスは随所に表れるが、それらの列記はひかえておく。

二五四空の五二型九機は翌四月六日午前、そろって三亜基地に帰投した。三亜空の二一型も同じころのようだ。

第14航空軍は南寧から、すぐ反撃に出た。六日の午後にB－25合計二〇機以上とP－40六機が海口、三亜などを襲い、七機損失・破損、四〇名以上が死傷。三部隊の零戦二〇機が邀撃し、戦果なく五二型一機が撃墜された。翌七日もB－24一機（第308爆撃航空群)、B－25二機が姿を見せる。

つぎは黄流基地に来攻するはずと、警備府司令部は二五四空と三亜空に黄流への戦力派遣を下令。三亜空からは斉藤信雄飛曹長の指揮で六機が七日朝に移動した。六名は中堅以上の教員で、吉田一飛曹も加わっている。二五四空の派遣機も同数程度だった。

八日の朝、B－24とB－25が時間をずらして少数機ずつ、三亜および隣接の楡林港を攻撃。

このうち、午前七時二十分に三亜南方の海上から低空で侵入した第341爆撃航空群のB－25（JとH）三機に、二五四空九機と三亜空三機が対戦した。一機を三亜沖で海没させ、北へ逃げる一機を七機が追って撃墜した。B－25の反撃も果敢で、零戦二機が自爆、つまり落とされている。

戦死二名の一人が分隊長・前田大尉だ。大尉の戦死地は「南シナ海」と記され、三亜沖のB－25撃墜に関わったとも推定できる。三日前の南寧上空での不名誉をぬぐいさろうとする、決死の攻撃だったのではないか。

まもなくの十九年五月一日付で海口空が、六月一日付で三亜空が解隊にいたる。第

14航空軍の攻勢強化によって、実用機教程の遂行が困難化したからだ。

海口空解隊の日に特務士官に進級した橋本少尉は、三亜空をへて台湾・高雄空へ転勤する。三亜空の吉田一飛曹も上飛曹として、数日おくれで高雄空に着任した。

華南唯一の実施部隊・二五四空は十九年末まで残って、二十年元日に隊歴を閉じた。もはや海軍航空にとっての重要度が、二級からさらに三級戦場へと低下した華南海域に、目を向ける余裕は、軍令部にも航空本部にもありはしなかった。

19年11～12月、二五四空の零戦が枯草のエプロンに列線を敷く。主脚わきの搭乗員は夏に着任した槇恒方大尉。

遠藤分隊長の実像
——著名搭乗員はいかに戦ったか

本土防空の主役たる陸軍戦闘隊に一目も二目も置かせた、海軍の局地防空戦闘機部隊・第三〇二航空隊。

昼夜の出動時刻を問わない三〇二空において、昼間のトップ搭乗員を問われれば、難物機「雷電」を自在にあやつる赤松貞明中尉を指名する。すご腕と奇行で隊内外に浸透させた人となりを、七年前に既刊の短篇集「倒す空、傷つく空」に掲載した。

部隊にはもう一人、劣らぬ存在感を発揮した操縦員がいた。夜間戦闘機「月光」で超重爆を迎え撃ち、「B－29撃墜王」の別称を紙面、誌面におどらせた遠藤幸男(さちお)大尉だ。

遠藤大尉の本土での実戦期間は半年。邀撃戦初期のならぶ者なき戦果に対する、海軍および三〇二空司令の期待と報道関係による発表が、彼を抜群の戦功者へと押し上げた。

隊内外での大尉への毀誉褒貶（きよほうへん）とその実際を、筆者は機会を得るつど記述してきた。三〇二空および「月光」にとって、必要不可欠な影響を有するからだ。いま、伏せておいた関係者の感想、評価を加え、撃墜王・遠藤分隊長の存在にアプローチを試みる。

斜め銃との出会い

七五倍の競争をこえて、昭和五年（一九三〇年）六月に第一期少年航空兵として採用されたのは七九名。やがて甲、乙、丙、特乙へと分かれ加速度的に増えていく、若年搭乗要員たち二四万一〇〇〇名の始祖である。

横須賀空（予科練習部）に入隊した、彼ら予科練習生の一人が遠藤四等航空兵。陸戦教練の野外演習で斥候を務め、つかんだ敵情を帰還報告後に、激しい疲労と消耗に耐えきれず気絶し倒れ伏した。一四年ののち、過負担な交戦を挑んで落命する彼の、原型がここに見られよう。

飛行練習生教程に移って、陸上機操縦の二二名に入る。専修機種が艦上攻撃機に決まり、八年六月に一等航空兵で卒業。以後、母艦の艦攻隊員と教員を命じられ、十三

陸上機専修の第1期少年航空兵と教官および教員。初歩練習機の操縦を終えて、後ろの一〇式二号艦上偵察機を用いた中間練習機教程に入るおりの記念撮影だ。3列目の左から3人目が遠藤幸男二等航空兵。昭和8年(1934年)1月、霞ヶ浦航空隊で。

年の春から夏にかけて華中戦線で九六艦攻に乗って実戦を経験した。飛練を出て一〇年近くのあいだ、練習航空隊を主体に教員勤務が続き、大分空では墜落事故を起こしている。

十八年一月、遠藤少尉は愛知県東部の豊橋基地に着任した。

南方へ進撃する海軍作戦のさきがけを零戦でになった台南空は、十七年十一月に二五一空と改称してすぐ、ラバウルから豊橋基地に帰って戦力回復に入る。帰還後まもなくの十二月初めに副長・小園安名中佐は司令に補任された。

八月のラバウルで、九八式陸上偵察機を改造して翼下に積んだ、空対空の三番三号爆弾（三〇キロ）をB－17編隊へ投下して、

「月光」一一型の電信席部と後部胴体内に2梃ずつ取り付けられた九九式二号20ミリ機銃三型。この変則な傾斜式装備火器が遠藤少尉の戦歴にふかく関わっていく。

撃墜戦果が上がった。攻撃法案出の小園中佐は、三号爆弾のかわりに二〇ミリ機銃を胴体の上下にななめに装備して、重爆の前上方か後下方から射撃する方法を思いつく。同目的の傾斜式装備砲が、第一次大戦時にヨーロッパで試用されたのは知らなかった。

機銃は直前方をねらうものと信じこむ航空本部には、新案の小園式斜め銃が通じない。新着任の陸偵隊長・浜野喜作中尉の理論協力を得て、やっと航空技術廠で十三試双発陸上戦闘機に、三〇度の仰角と俯角をつけて九九式二〇ミリ機銃四梃を装着してもらった。

ラバウルへの再進出が迫る十八年四月下旬、改装ずみの二機を横須賀基地から豊橋へ持ち帰る。実用試験のために横空から零戦を呼んで、斜め銃付きの十三試双戦との空戦能力をテストした。さらに探照灯を使っての夜間捕捉攻撃テストをすます。両テストの首尾を確かめるため、偵察席には小園中佐が乗っていた。

前席で操縦したのが遠藤少尉だ。多数機を要しない偵察機の操縦員を養成する部隊はなく、おもに艦攻、艦爆乗りを転用しており、彼もその一人だった。双発機の操縦は一〇年の飛行経歴のどこかで覚えたと思われる。

豊橋基地への帰途、中佐が「どうだ？」と双戦改造機の斜め銃について感想を求めると、伝声管から「これは大したものです」の返事があった。少尉の言葉には、航空隊でトップの司令への忖度が含まれていた。同時に、戦闘機操縦員のまねはできない自分が重爆を攻撃できる武装に、高評価を与えたのも間違いないだろう。

豊橋基地の第二五一航空隊に着任したころの遠藤少尉。

あわただしい準備ののち、五月三日に豊橋を出発した陸偵隊は、二式陸偵七機と改造夜戦二機。本隊の零戦群とは別コースで飛んで、まずマリアナ諸島のテニアン島へ向かう。島周辺は天候が悪く、編隊をくずして単機ずつ滑走路に近づいた。

侵入にかかる遠藤機の片発が故障で止まり、失速して高度を喪失。飛行場の手前で落ちたが、サトウキビ畑だったから緩衝効果によって破損は少なく、ラバウルの第一〇八航空廠／南東方面航空廠で修復が可能だった。

この機を、同乗していた樺沢金次さん（当時は川崎二飛曹）は三座の二式陸偵と記憶し、指揮官の浜野さんや記憶力抜群の偵察員・沢田信夫さん（飛曹長）らは二座の改造夜戦と明言する。どちらだったかは、判明しないまま時がすぎてしまった。

初戦果は魚雷艇

改造夜戦の初戦果は五月二十一日の未明、ラバウル上空であがった。台南空のとき三号爆弾で撃墜戦果を記録した工藤重敏上飛曹が、来襲した第43爆撃航空群のボーイングB－17二機を撃墜（一機は不確実）したのだ。その後、小野了（さとる）飛曹長、岡戸茂二飛曹、山野井誠上飛曹、林英夫上飛曹らが、あいついでB－17、コンソリデイテッドB－24の撃墜を報告する。

ところが遠藤少尉機は八月二十六日の飛行がすむまで、改造夜戦／「月光」一一型（八月に制式化）と二式陸偵で合計九回の上空哨戒を昼間および夜間に実施するけれども、いちども会敵しなかった。敵機を視認しても、相手が投弾後なら速度差はあまりないから、近距離で見つけないと捕捉できない。少尉には戦功を得るための運がなく、ラバウル、ソロモンでは撃墜破はもとより撃破も皆無である。

B－17の初撃墜からのち、陸偵隊の主務は偵察から夜間防空に変わった。ほかに対艦船や対地攻撃にも使われ、遠藤少尉がこの分野で敢闘する。

「月光」がラバウルからバラレ島へ飛ぶ。左後方の機の操縦員は小野飛曹長。画面の変色で薄暮時の撮影のように見える。

中部ソロモン、レンドバ島の敵水上基地に小型艦艇がいて、「海虎（かいとら）」（海上トラック）、「大発（だいはつ）」と呼んだが、実は魚雷艇らしかった。これをたたく任務で七月八日、ブーゲンビル島南端沖のバラレ島基地から遠藤少尉―大沼正雄上飛曹が単機で出動。夜間の同島基地に停泊中の海虎と商船二隻ずつ、それに機銃陣地へ、六番（六〇キロ爆弾。弾数不明）と下方銃の一八〇発を撃ちこんだ。

この一〇〇分間の攻撃で得た有効弾が、遠藤少尉にとっての斜め銃による初戦果だ。同時に二五一空が対地、対艦船で手ごたえを得た、最初のケースであった。

下方銃の攻撃力が認識されて、米軍の攻勢がさかんな八月には、改造夜戦／「月光」の主目標は重爆から艦艇・陣地へと変更された。

遠藤機のつぎの出動は一ヵ月半後の八月一日未明。中部ソロモンのベララベラ島の敵上陸地点～付近海面を偵察ののち、近くの陣地へ六番四発を投下する。行動調書に書かれた操縦員「工藤上飛曹」は誤記で、機長で偵察席にいた浜野さんは「前席は遠藤でした」と明言する。

ベラベラの西岸沖の小島付近に、動くものがある。「あそこに何かおるぞ！」「見えます。魚雷艇でしょうか」。その上空へ飛んで、逃げる小型艇を二〇ミリ弾で五分間、断続のねらい撃ち、さらに一五分後に艦影が消えた。浜野中尉は「撃沈ヲ確認シ得ズ」と打電する。

結局、米側情報の解析から「魚雷艇喪失」を報告された小園司令が、一五年来の既知の中尉に「おい、沈んだぞ」と告げた。思わず中尉は「沈んだばいね」と郷里の言葉で遠藤少尉に教えて、部隊で初の魚雷艇撃沈を喜び合った。

八月二十五日未明は中部ソロモンで、「月光」二機の銃爆撃戦果が重なった。まず先発機が六番を巡洋艦らしい大型艦に命中させ、帰投後の再出撃で二隻に投弾。

遠藤少尉—保科強平(ほしなきようへい)上飛曹ペアの後発機は一時間後に出撃した。ベララベラ島近海で大発（小型輸送艦）に二〇ミリ弾三〇発を浴びせ、続いて高角砲陣地に落とした六番二発により一〜二門の破壊を報告した。

対重爆戦果はなかった少尉にとって、対艦、対地攻撃には会敵の運もあり、後日さらなる戦果を報告しうる可能性があった。二五一空は九月一日付で主力の零戦隊を切り離して、丙戦（夜戦）専門部隊に変わったから、なにかと「月光」を使いやすい。

だが彼の外地での戦務に、ピリオドが打たれる。

九月二日、バラレからラバウル東飛行場へ後退する零戦隊の発進準備中に、海兵隊のF4U「コルセア」（第215海兵戦闘飛行隊の所属機か）三機が来襲。超低空で列線の零戦に向かってきたが、先頭機が指揮所上の見張台にぶつかって落ちた。

見送りに出ていた遠藤少尉に破片が当たって口、腕、腹に傷を負い、第八海軍病院の入院後に病院船で内地へ送られる。

「造船会社の社長ですか？」

二五一空での遠藤少尉への、評判、感想はどのようだったか。

下士官搭乗員からの不評はあまりない。九月二日のF4U来襲のおり、まず部下をトラックの下に入れ、最後に自分がもぐりこんだため、深傷（ふかで）を負ったのだ。この点は上官として合格点と言える。

二五一空夜戦分隊の搭乗員による拳銃射撃競技で、下士官兵の優勝者・西尾治二飛曹に分隊長・浜野喜作中尉が清酒を授与する。右の4名は左から菅原賟中尉、遠藤少尉、金子龍雄飛曹長、小野了飛曹長。准士官以上のトップは遠藤少尉だった。18年7月初め、ラバウル東飛行場で。

予科練後輩（乙飛四期）の偵察員、准士官だった市川通太郎さんは、少尉の話す内容（斜め銃についてか）がオーバーな雰囲気を感じた。それを超えて、怒りの感情を抱いたのが小野飛曹長だった。

前述した七月八日夕刻の出撃。爆装の「月光」で出た遠藤—大沼ペアが、同島の船舶基地に銃爆撃を加えて夜九時すぎに帰投した。報告した戦果は「船舶二隻大破」ほか。指揮所内にいて聞いていた小野飛曹長に、やってきた整曹長が小声で伝えた。「小野さん大変です。爆弾が付いている」

船を大破したなら、爆弾の使用は当然だ。使ってないから機体に付いたままなのだ。「あんた、〔船を自由に増減させて〕造船会社の社長になったんですか？」。海軍入隊は遠藤少尉が二年早いが、実質的な軍人生活は小野飛曹長の方が長いから、この言葉が出る。司令が決めつけた。「小野、だまれ！　この戦果のままでよい！」

報告の直後に上級司令部への速報を命じかけていた小園中佐は、しかしそれを取りやめたようだ。二五一空戦闘行動調書の戦果スペースには「海トラ二隻、商船二隻、機銃陣地」とあっても、撃沈、撃破など効果の記入がない。また消耗兵器は「二〇ミリ弾」（発射弾数は未記入）のみで、爆弾は記入されなかった。

二五一空は対地および対艦船攻撃時には、「月光」に必ず六番二～四発を取り付ける。投下したはずの爆弾が弾架に残っている理由には、投弾システムの故障が考えられるから、意識的な虚偽報告と確定はできない。また、小野さんの記憶ミスの可能性が、絶無とは言えないだろう。

このソロモンでの奇妙（あるいは腑に落ちない）な戦果報告を、単なる齟齬とかトラブル、回想ミスで片付けないのは、翌年～翌々年によく似た状況が生じるからだ。こうした部分の明記と、判断および推定なくしては、本稿の掲載意義は半減する。

三〇二空で勤務にかかる

遠藤少尉が八病に入院中の十八年九月五日、転勤辞令を受けた小園中佐はラバウルから空路、内地へ向かう。勤務先は横空と厚木空で、役職がとくにない骨休めの配置だった。

　零戦の錬成部隊である厚木空に七月、「月光」による夜戦搭乗員を養成する木更津派遣隊が付加された。小園中佐の要請を受けたに違いないこの派遣隊で、育った夜戦乗りが、二五一空へ送られていく。

　中佐はここでは五〇日間アドバイザーを務めただけで、横空付のまま十九年を迎え、三月一日付で開隊の三〇二空の司令に転勤した。三〇二空の主務は横鎮管区の防空にあって、昼間は局地戦闘機「雷電」、夜間を「月光」が受けもつ邀撃戦闘機隊だ。

　ラバウルの二五一空から二～三月に転出、教員勤務で厚木空／二〇三空（厚木空を改編）に来ていた小野、沢田飛曹長、大沼上飛曹ら六名は、中佐の思惑にそって三〇二空の丙戦隊に加わった。

　彼らからひとあし遅れて着任したのが、進級後の遠藤中尉だ。年末に病院船で内地に帰還し再入院。これを知らされた小園中佐が、すぐに木更津派遣隊へ転勤の根回しをしたようだ。

「月光」装備の丙戦隊は木更津派遣隊を取りこんだため、搭乗員の人数が多く、二個分隊を楽に構成できる。その第二分隊長の辞令を遠藤中尉が受けた。「月光」は訓練用の二式陸偵をふくめて十数機だから、搭乗員ごとに固有の機材を決める余裕はない。

三〇二空の開隊から１ヵ月あまり、木更津基地で丙戦隊分隊長・遠藤中尉が「月光」を背にして立つ。

ただし訓練指導のほか、作戦飛行の機会もありうる幹部や基幹搭乗員は、早めにペアを決められる。

乙飛予科練の最古参である遠藤分隊長が、乙飛出の偵察員を選びたいのは理解できる。在隊の先任者はラバウルでともにいた六期の沢田飛曹長で、Ｂ－24の撃墜も経験していて、夜戦のキャリアは充分だ。中尉からのペアの打診を受けた飛曹長は、直接に「戦地以来、山野井と飛んでいますので」とはっきり断った。

飛曹長が遠藤中尉を嫌ったわけではない。ペアが変わると呼吸が合うまでとまどい、トラブルや事故を呼びやすい。中尉は彼の返答を率直に受け入れて、反感などを抱かなかった。かわりに乙飛十六期の若い穏やかな尾崎一男兵曹を選んだのは、四~五月のころではなかろうか。

遠藤中尉の行動には、労をいとわない実直な面があった。

整備主任を補佐する整備士の廣瀬行二中尉は、小園司令から「遠藤といっしょに『月光』をそろえてくれ」と命じられた。木更津基地で士官私室が同じだったから気心が通じ、遠藤分隊長が高技倆なのも認めていた。

同じ中尉で、しかも遠藤分隊長が三ヵ月半先任（進級が早い）なのに、整備士に敬語を用いた。原因は旧・軍令承行令（階級にかかわらず特務士官よりも将校に指揮権を優先。不適当として一月に廃止のかたち）にあったようだ。左腹部にあいた凹みを「貫通銃創」と自称し（実際はＦ４Ｕの破片による）、殺菌消毒薬を詰めていた。

二人は部下を連れて中島・太田製作所へ出向く。中島の飛行士が試飛行した三機を、「月光」分隊の整備員が再整備し、廣瀬中尉が再チェックと試運転。それから遠藤—廣瀬ペアで領収前の試飛行にかかる順序だ。

遠藤中尉が「中攻（九六陸攻）で宙返りをやったのを知っています。だから『月光』でもやれますよ」と言ってきた。廣瀬中尉が受領予定機の後席に入って離陸する。高度四五〇〇メートルから全速で突っこんで、ぐーっと引き起こし、弧を描いて上昇から降下へ。「月光」にとって必要がなく、危険ゆえ禁止されていた宙返りは、問題なく成功した。「腕前を知っているから怖くはなかった」と廣瀬さんは語った。

垣間（かいま）見える人間性

厚木空／二〇三空から三〇二空に編入された木更津派遣隊は、十九年六月初めに厚木基地に合流して、錬成任務を続行する。遠藤中尉はその指導に時間を割いた。

十八年十二月からの二期錬成員だった偵察員・磯村義文飛長は、厚木で山辺和男一飛曹とのペアで曳的（えいてき）を引いて、射撃訓練の標的を務めた。吹き流しの出し方、引き方を教えた中尉は、接敵役を演じて見せる。

浅い降下で後方から近づく遠藤機。後席の飛長が首をひねると、すぐ後ろにぶつかるように「月光」が迫る。零戦のような機動を見せたのち離脱する姿に、磯村飛長は恐ろしさを感じた。敗戦の日まで三〇二空で勤務し戦闘に加わる飛長だが、この感覚は一度きりだった。

「指揮所や飛行場で分隊長の雑務を引き受け、『磯よ、磯よ』と呼ばれました。訓練がきびしいほかは優しい人で、部下に手を上げない親分肌」。磯村さんは分隊長を慕（した）った。

四期錬成員は二期の五ヵ月後から。花井輝男二飛曹も偵察員の実戦用訓練を受けながら、「空戦を熱心に研究し、半面で人情に厚い」人がらになじんだ。また、三期錬成員で操縦員の大橋功（つとむ）飛長は、故障から不時着大破の事故を起こした。うなだれて詫びると「機材より人間が大事だ。気にするな」と元気づけられた。当時、この言葉を部下に言える分隊長が何人いただろうか。

士官たちはどう感じたか。

厚木移動まえの五月半ば、横須賀の三〇二空本部に到着した「月光」偵察要員の予備学生たちに、小園司令が訓示する。同席した遠藤分隊長が、訓示後に「『月光』、よう落つるぞ」と話しかけたのは、彼流のジョークだったと思える。ややたって「もうすぐ『彗星』の夜戦隊ができる。偵察で選ばれるのは金沢〔久雄予備学生〕だ」と教えてくれた。

こうした片言隻句から、中尉の心境を推しはかれる。任官直前の十三期予学への心づかいだ。三室修三少尉も何度か話して、いばる気配を認めなかった。同格（コレス）の整備士官だった荒木俊郎さんも同様で、「分隊長の試飛行に同乗しました。温厚で洒落（しゃれ）も言う、気さくな人。偉ぶった態度を示された覚えがありません」

ベテランの准士官は見方が違う。「堅物で無口」と感じた木村進飛曹長はあまり好感を抱かず、中尉が横須賀の小園司令に、毎朝「遠藤でございます」と電話するのを、わずらわしく感じている。

戦果をゆがめたものは

三〇二空「月光」分隊は派遣隊を六回、他基地へ出している。その一回目は、十九年七月〜九月の長崎県大村基地だった。指揮官・遠藤中尉のペアは尾崎一飛曹。ほかに二個ペア、計三機の一個小隊だ。

佐世保鎮守府管区を守るのは小規模な佐世保空・大村分遣隊（零戦）だけで、丙戦はまだ未装備だった。佐空の戦闘機隊をナンバー空に拡大し、丙戦隊が育つまで、遠藤中尉らの存在は小さくなかった。事実、進出二〜三日前に、大村と佐世保が夜間空襲を受けている。

佐空分遣隊から三五二空ができたのが八月一日。丙戦隊に基幹員がそろうまで、遠藤中尉は分隊長役を引き受けた。司令以下の航空隊幹部はみな、三〇二空派遣隊が来て以降に大村に着任したため、遠藤中尉ら六名は三五二空付と思いこんだ。

〝自隊の分隊長〟とみなされた中尉を、偵察の少尉だった住吉茂信さんは「邀撃の研究にも、飛行と地上の訓練指導にも熱心な人でした」と回想する。ハワイ作戦に参加した零戦の甲戦隊員・河野茂上飛曹に「うちに来いよ。夜戦はおもしろいぞ」と勧誘

19年8月20日、遠藤分隊長とのペアで九州北部の邀撃に加わった、沈着な人がらの尾崎一男一飛曹。

した。がっちりした体格、むだ口がなくたまに笑う人、との印象を上飛曹に残している。

遠藤小隊が三〇二空の派遣隊だと認識していたのは、丙戦隊分隊長要員の井出伊武（これたけ）中尉だ。着任後すぐに「先任士官はあなたです」と告げられた。ところが、この言葉は不正確で、中尉進級は十八年十一月と十九年一月だから、あきらかに遠藤中尉が三ヵ月ちかく先任だった。

三〇二空の整備士・廣瀬中尉に敬語を用いたのと、同じ対応なのだ。井出中尉が後任なのを知らなかったのではなく、将校→予備士官→特務士官の古い軍令承行令が念頭にあったために違いない。

三五二空の初交戦は八月二十日。井出さんが記憶する遠藤中尉の気質は「まじめ」である。派遣隊三機と、三五二空の一機が出動して、三機は射撃せずに帰投した。残る遠藤機だけが大きな戦果を報告する。

遠藤中尉は大村の第二十一航空廠を目指すB－29編隊を迎え撃ち、投弾後のB－29

編隊を追って済州島に不時着陸している。中尉が同島の陸軍飛行場から三五二空司令部へ打たせた戦果報告は、中破三機と小破二機。「月光」のB－29に対する初戦果であり、きわだつ戦功だった。これが翌二十一日の朝に、戦闘概報第一報として佐鎮へ送信される。

同日夕刻発信の三五二空から佐鎮への第二報では、具体的な状況が付加された。使用弾数は二四〇発。高度五〇〇〇～七五〇〇メートルの空域で一〇機と交戦。戦果が「撃墜確実二機、撃墜おおむね確実一機、小破二機」に拡大してあった。さらに二十日付の三五二空戦時日誌の欄には、二機小破を中破へと格上げがほどこされた。

戦果水増しの主因は、二十日の主目標・八幡製鉄所の防空に任じた西部軍および第十二飛行師団の大きな撃墜数にあった。上層へ行くほど反目が強まる海軍と陸軍の、メンツの維持に遠藤機の戦果が使われたのは間違いない。

八月二十八日付の新聞紙上に、三五二空の戦闘参加者とともに遠藤ペアが登場。済州島から「撃破五機」を報告した中尉は、一転、撃墜のもようを勇ましく語った。それは佐鎮および三五二空司令部が用意した脚本をなぞったと言える。

遠藤中尉がどうやって攻撃し撃墜破を果たしたのか、知るのは偵察員の尾崎一飛曹だけだ。「火ダルマで落ちる敵機を確かめるよりも、どれが次の獲物かに心を奪われた」が一飛曹の発言だった。交戦中の「月光」偵察員の最重要任務が、戦果の視認なのに。

派遣隊員の一人で温厚な岡戸上飛曹は、攻撃法を参考にするため個人的に状況をたずねた。意外にも尾崎一飛曹は「なにも分かりませんでした」と答え、ほかに語ろうとしなかった。

京浜邀撃戦が始まった

孤軍奮闘とも言える遠藤中尉の「三機撃墜」は、かえって三五二空搭乗員の反感につながった。「そんなに落とせるはずはない」という共通意識だ。

済州島へ遠藤機を取りに出向いた岩永夏男飛曹長は、わずかな被弾、そのまま飛べる状態なのを知って「千三つ」と判断。住吉少尉の感想は「ホラの傾向あり」だった。

遠藤中尉の戦功を知った三〇二空の飛行長・西畑喜一郎少佐は、小園司令の即時同意により、海軍省で特殊進級を願い出た。中尉は同期生にくらべて空曹長（飛曹長）以降、進級が半年おくれ（大分空での事故ゆえか）だった。結局、佐鎮長官から感状、西部軍司令官から賞詞が出されたため、十九年十一月の大尉進級で片がついた。

空戦から半月後の九月上旬、遠藤ペアは厚木基地に帰ってきた。もどったのは彼ら二名だけ。四名には三五二空への転勤辞令が出され、大村に残った。

遠藤分隊長は訓練の手を抜かず、空中と地上での錬成を指揮した。大村進出中に案出した鉦叩き(かねたたき)は、「月光」一人とB－29数人に分かれ、同じ長さのヒモの輪で歩幅を定めて、鉦がチンとなるつど前者は捕捉を、後者は離脱をめざして任意の方向へ一歩進む。下士官兵の誰もが昼間～夕刻に経験した、はた目には奇妙な情景だが、意外に効果があったと思われる。

尾崎一飛曹は三三二空（二十年三月十四日に戦死）へ転勤し、分隊長の後席は西尾治上飛曹に変わった。乙飛で尾崎兵曹の四期先輩、落ち着いたおだやかな人柄の、技倆優秀な先任下士官だった。ラバウルでの拳銃射撃競技で、遠藤少尉とともにトップを取った間がらでもあった。

八月にマリアナ諸島が奪取され、予想どおりB－29の進出が始まった。その機影が関東上空に現われたのは十一月一日の白昼だ。高空を飛ぶ写真偵察機型F－13Aの姿は、進級式が進む厚木基地からも見てとれた。

式を取りやめ、「雷電」、零戦が緊急発進にかかる。部隊でただ一人B－29と交戦ずみで、進級したての遠藤大尉も、あとを追うように離陸したが、捕捉はとても無理だった。

八丈島飛行場での派遣隊第一陣の一部。手前中央が派遣隊長を務めた遠藤大尉、後ろ左はペアの偵察員・西尾治上飛曹。

京浜地区の邀撃で難しいのは、大都市が沿岸に近いため縦深（奥行き）が浅く、じっくり攻撃をかけられない点だ。東京から五〇〇キロの八丈島には、飛行場のほかに電波警戒機乙、つまり陸軍レーダーが設置してあり、B－29の往復途上を捕まえやすい。

十一月四日に八丈島へ飛んだ「月光」三機の指揮官は遠藤大尉。彼ら（四機に増加）は二十日まで在島したが、B－29群は飛来しなかった。続いて二十年一月十日まで、第二飛行隊長で第一分隊長兼務の木ノ下清大尉らが第二陣で駐留し、こちらも交戦なく終わっている。

第二陣のうちの大山裕正中尉機は、エンジン故障で大島の飛行場に不時着した。中尉を厚木基地から二式基本練習機（ユングマン）で迎えに来たのが遠藤大尉だ。この時点で重要人物ではない大山中尉の空輸を、分隊長が担当したのは、兵学校出（七十二期）以外に理由が浮かばない。

第二陣の若年偵察員・花井一飛曹は八丈島から帰還後に、分隊長から「〔空襲が激化するから〕これが最後の機会だぞ。帰ってお母さんに会ってこい」と四日間の休暇をもらった。同じ状況の北川良逸（りょういつ）一飛曹にも七二時間の休暇を与えた。一日の差は、郷里が福岡と名古屋だからだ。

「部下思いの人。尊敬し、遠藤一家の気持ちがいつもあった」。北川さんの分隊長評は、下士官兵搭乗員の共通認識と言える。

佐鎮についで横鎮も

厚木基地を離陸した遠藤大尉―西尾上飛曹機が、マリアナから飛来するB－29群に初めて戦果を報じたのは十二月三日だ。この撃破二機に続いて、十二日の未明に撃破一機、十八日に撃墜一機と撃破二機、二十七日も撃墜一機、三十日未明が撃破一機。

一ヵ月間の厚木からの戦果は、合わせて撃墜二機と撃破六機で、特に法外な多さではない。また夜間の戦果が撃破二機どまりでは、夜戦の達人とは呼びにくい。しかし、九州での公認の撃墜三機と撃破二機を加えて撃墜破一三機とするなら、「B－29撃墜王」と新聞や雑誌が騒いでも納得できる。事実十九年末の時点で、大尉をこえる対B－29戦功者はいなかった。

昼間、第500爆撃航空群のB－29が真下にとらえた「月光」。だいぶ距離があるが、下部銃塔の格好の的に見なされるのが分かる。3～4機編隊による火網なら被墜の可能性が大きい。

彼の戦果を若い搭乗員は疑わなかったが、士官の一部と准士官やベテラン下士官仲間では、「昼間にあれほど攻撃できるはずがない」とみなす沢田少尉（十一月に進級）の感覚が普遍的だった。B－29編隊の防御火網のすさまじさは、いちど体験すれば誰もが分かる。次席下士官の及川成美上飛曹も「分隊長はバフ」の判断だった。バフとは大げさの方言だ。

「スリップ射撃、スリップ射撃、と教えてくれました」と飛長だった大河幸造さん。敵の下方で軸線を合わせ、攻撃のつど側方へ離脱する。夜には確かに有効だが、白昼にやれば間違いなく被弾をまねく。

敵の前下方に占位し、上空にかぶさってきたB－29に射弾を撃ちこめ、との遠藤流戦闘法を耳にした林飛曹長が、部下に言い聞かせる。「そんなバカな方法があるか！

敵銃座に狙われて返り討ちだぞ」。ソロモンでB－24、ノースアメリカンB－25（全夜戦隊で唯一例）を落とした飛曹長は、遠藤ペアの西尾上飛曹に「〈射撃の効果を〉よく見てこい」と指示した。

出撃のたびに手柄を持ち帰る分隊長の攻撃を参考にしようと、対馬一次（つしまかつじ）上飛曹は西尾上飛曹に問いかけた。対馬上飛曹は電信専修だから出身は異なるが、進級は同じだ。ともにラバウルの二五一空で戦った「月光」偵察員で、いちばん信頼し合った戦友同士だ。

だが返ってきた言葉は、対馬兵曹の予想を確実にうらぎった。「撃墜は確認できなかった」。これは大村派遣時の戦果を問われた、尾崎一飛曹の回答と同じニュアンスと言えるだろう。B－29への攻撃は、後席から一部始終が見えるのに。それでもなお、対馬さんは「隊内にあったホラだとの声は、撃墜者に対する妬（ねた）みの産物だったのではないか」と筆者に話してくれた。

落下傘の検査係長を務める北原好文一飛曹に、遠藤機の整備班員が「大きな声では言えないが、初弾がモクなのに撃破だぞ」と告げた。モクとは木弾（もくだん）の略称で、銃口への異物を防ぐため詰める。他部隊と同様に三〇二空もボロ布で代用していて、実弾を放てば吹き飛ぶ。一一甲型の残る二梃も「二～三発出ただけだ」と整備下士官は続け

「月光」分隊・整備分隊長の山本茂大尉の肩に手を置いて。戦死前日に写された遠藤大尉の遺影。戦死を覚悟の日々に違いない。

た。

兵器整備分隊士・中黒修少尉は、報告された遠藤機の使用弾数から「本当に撃墜破しているのか?」との疑問が消えなかった。

隊内の空気は、横鎮敷地内の本部(司令部)に伝わってきた。西畑喜一郎飛行長が小園司令に問いかける。

「遠藤の戦果が少し多すぎる、という声があるようです」。「分からんが、否定する材料がなかろう」と大佐は答えた。遠藤びいきでなくても順当な返事だ。

「戦果へのやっかみも隊内にあったらしい」が西畑さんの回想である。

林飛曹長の予感は的中した。

明けて昭和二十年。遠藤ペアは一月九日に一機を昼間撃破。

ついで一月十四日の午後三時まえ、愛知県豊橋市の上空から「ワレ交戦中」「一機撃墜、大破……機」（一部混信）を打電ののち、致命的に被弾した。遠藤大尉の命令で機外へ脱出した西尾上飛曹は、落下傘のひもが尾翼にあたり、全部切れて墜死。遅れて出た大尉の方は高度不足のため、開傘前に接地して落命した。

豊橋で戦死し、荼毘(だび)に付された遺骨は「月光」で厚木基地に帰還した。右の山本大尉が遠藤分隊長の、続く及川成美上飛曹が西尾上飛曹の骨箱をいだく。

最後の空戦で撃墜一機、撃破一機を得たとすると、遠藤分隊長の合計戦果は撃墜六機、撃破一〇機だ。ところがまたしても海軍の威信を高めるため、横鎮長官からの表彰状で「撃墜八機、撃破八機以上」に改訂がなされている。

全面的な信頼にもとづく司令の過度な期待、ベテランからの疑惑の声、下士官兵が抱く絶対的な支持と信頼、そして戦果を待ち受ける報道班員たち、楽しみも希望もない読者すなわち国民の心理的よりどころ。それぞれが戦死に向かう遠藤大尉にのしかかっていた。

これら衷心(ちゅうしん)よりの期待、願望を一身に受け止める重圧と、発揮する効果を思えば、大尉にまさる功績を誰がなし得ただろうか。たとえ戦果報告が過大であったにしろ、あげつらう気持ちをいささかも筆者はもち得ない。

多機種を操縦した予学搭乗員

——十三期ではトップクラスのバラエティ

平時に一般人が出くわす運不運の、何十倍ものきわどさに身をおく日々。生命を危険にさらすのが当然の戦争末期の海軍搭乗員たちのなかでも、実施部隊にいた初級予備士官の生存条件のきびしさは、乗機の敵との性能格差、使用機数の少なさ、作戦と運用法の拙劣がかさなり、特攻をふくめて「出れば未帰還」が当然の状況だった。

その環境下で飛行作業を続け、自身の苦しい立場をいたずらに嘆かず、戦況と任務に対応し続ける操縦員がいた。

水上機専修の練習機に始まって、艦上（陸上）偵察機への移行を命じられ、さらに単座戦闘機に移ったのち陸偵に復帰。この間、それぞれの機種の第一線機、訓練用機を内地、戦地で操縦した。つごう一〇機種（性能差と特性差が大の零戦二一型と五二型は分け、二式艦偵と彗星は同一とした）の経験は、同期操縦員二二〇〇名のうちで最多ではないか。

彼が体験した順風の飛翔と苦心の難航。機体トラブルや天候不良に煩わされながらも、つねに付随した苦境脱出への流れは、事態をつぶさに見れば容易には恵まれない好転と分かるだろう。その得がたい運気は敗戦の日まで続くのだ。

陸軍徴兵から海軍志願へ

大学生、専門学校生への特典とされていた徴兵猶予は、在学年限短縮とともに縮められ、昭和十八年（一九四三年）三〜四月には在学中の二十歳以上に対する徴兵検査実施へと進んだ。対象は文科系だけでなく、理科系学生にも同様な処置がとられた。

日数を減らされた夏休みで高松に帰省していた二十歳の佃喜太郎さんに、徴兵検査のためもどるよう徳島高等工業学校から電報が届いた。帰校して検査を受け、体格と体力から甲種合格は間違いないと確信。くり上げ卒業後に陸軍の徴兵によって入営するコースに、疑念や不満を抱かなかった。

ただ、気がかりはあった。

少し前の六月に校内掲示板に「小松島海軍航空隊 見学」の知らせが出て、彼の関心を引いた。いつもはクジ運がないのに、各校十数名ずつの当選者にふくめられた。

快晴の月末、徳島市に隣接する小松島港の、桟橋（さんばし）につどった学生たちを、軍艦旗をひらめかせ達着（たっちゃく）した内火艇（輸送ボート）が出迎える。白い事業服の水兵たち、防暑服を着た艇指揮の少尉、清潔な艇内、とびかう疑似英語などに新鮮さを感じた。

合わせて一〇〇名ほどの学生の案内を、立教大学出の予備中尉（階級に付く「予備」はまもなく除去される）が受けもった。艦内帽（略帽）をぬぐと長髪なのが、学生たちを驚かせた。学校の配属将校（陸軍）は坊主頭だからだ。見まわすと、長髪の士官はいくらもいた。

青い芝生の先の兵舎（デッキ）にならぶ帆布（ケンパス）がけの長テーブル五〜六卓には、一人四つずつの食器に、山盛りの米飯、肉がふんだんのシチュー、魚と野菜で山もりの煮つけ、充分量のたくあん。後続のデザートがアイスクリームなのに仰天した。どれもが民間の食卓から消えて久しい夢のメニューだ。

視覚と味覚を魅了する厚遇に、皆と同様、佃さんも心を奪われた。届いた甲種合格の通知への関心は消え去り、事務課でもらった予備学生志願票に諸項目を記入、自身の写真を貼（は）って提出した。これはもちろん自由意志の志願で、徴兵ではない。

卒業単位にかかわる一週間の工場実習を八月なかばにすませたが、激しい下痢（げり）が始

海軍に入って2ヵ月あまり。まだ地上教育の基礎教程中でも、少しは板についた一種軍装で、土浦航空隊の正門から外出する第13期飛行専修予備学生たち。18年(1943年)11月の撮影。

まった。満員の夜行でやっと自宅に帰り着き、二日間の絶食と、重湯（おもゆ）に梅干しの体調で高松の海軍人事部へ出向く。片手で太いロープにぶら下がる体力測定、続く肺活量検査は最高値、数学の口頭試問は造作なく終えられた。

九月の十日すぎ、下宿に海軍省人事局からの予学採用予定通知が配達された。徳島高工の合格者は約二〇名。土浦航空隊への到着日とくり上げ卒業の試験がぶつかるのは、合格者は試験免除の学校決定によってクリアーでき、上空に霞ヶ浦空の九三式中間練習機が舞う土浦空にやってきた。

仮入隊した土空で飛行科搭乗要員をめざす、体力と感覚の適性検査に合格した佃さんたち二五〇〇余名は、改めて十月から土空（ほぼ同数が三重空へ）に入隊し、第十三期飛行専修予備学生として地上教育を受ける基礎教程に入る。このとき理系および師範学校出身者は座学授業の省略が可能とされて、期間を二ヵ月に縮めた前期学生（四分の三を占める文系の後期学生は四ヵ月）に指定された。

佃学生は高等工業・応用化学科だからもちろん前期学生だ。人間関係も作業もきつい基礎教程が半減と分かって、彼は大いに安堵し喜んだ。

水上機操縦員の基盤を作る

十八年十一月下旬、操縦と偵察、それに新規の飛行要務（地上勤務）のいずれの専修かが伝えられた。前期組の操縦専修は、土空と三重空を合わせて約五〇〇名。ここに選ばれて喜ぶ学生たちに、術科教程の中間練習機に乗る各訓練部隊の発表があった。

土空からほど遠からぬ、北浦の湖畔が基地の北浦空。したがって機材は九三式中間練習機の水上機型で、水中練と呼ばれる。佃学生をふくむ七一名は月末の基礎教程の終了後に、北浦空から差しまわしの士官バスで水上基地へ向かう。

新入の予学用に急造した木造建物。土空の不安定なハンモックとは違い、新品の木製二段ベッド。分隊長と教官の多くは予学出身の先輩士官。鶏卵と牛乳を付加した搭乗員食。入隊の翌日には飛行服（航空衣袴）など装具一式が支給された。

佃学生のインストラクターは士官ではなく、少数派の教員（下士官）で、教える側

専門技術すなわち操縦術を身につける術科教程は、九三式水上中間練習機を使って始まった。北浦の早春の湖面をオレンジ色の水中練が離水へ向かう。

から先に敬礼された。奇妙な違和感を覚えたが、各種の指示を謙虚に受ける性格だったから、ベテラン兵曹と組めた利点は大きかった。基礎教程とは段違いの待遇とはいえ、飛行作業はミスが殉職に直結するからだ。

着水態勢に入り、接水まで四～五秒の高度七メートルの判断の難しさ。操縦桿と三舵の動き、スロットルレバーの操作加減。失速を赤灯、ついでブザーと機の回転で知らせる地上練習機（リンクトレーナー）に乗っても、レバー、フットバーや計器類の作動とバランスへの慣熟に努めた。

教官・教員との同乗訓練が合計一〇時間をすぎると、単独飛行を命じられる者が出てくる。佃学生の場合、適性を発揮し一〇時間半でお達しがきた。場周飛行から帰投して停止したとき、伝声管を通じて教員の声がひびく。「単独離着水をやってみますか?」。後席にいつもの人影はない。操縦専修員ならではの、二度と味わえない緊張と不安。

離水して上昇、旋回、着水、ふたたび離水。ただ一人の空中で、誰もがやる雄たけび、高歌放吟をくりかえす。大きなヘマなく滑水台に帰り、指揮所で「離着水単独飛行、終わりました！」。飛行隊長は「おおむねよろしい」の返事をくれた。

中練教程が進んで、学生の互乗による計器飛行の操訓に入った佃喜太郎予備学生水上機への搭乗は右舷から。後席の学生は可動式のホロをかぶり、離水から高度1000メートルあたりまでは操縦を前席の学生が担当した。

技倆（ぎりょう）の向上が如実に分かる特殊飛行（スタント）。適確な無味乾燥で気疲れする計器飛行。不断の調整を要し、佃学生が充実感にひたった編隊飛行。これらをこなして、四ヵ月の中練教程を一〇〇時間弱で十九年三月下旬に終え、専修機種を二つに分けられた。

空戦にも打って出る二座水偵を指名されたのは、反応が早くて機動操作がすばやい者。三座水偵はスタントには縁がうすく、長距離を索敵するから、性格と操作が落ち着いた者が向く。佃学生をふくむ二座専修の三五名は、バスで東側の霞ヶ浦の西岸にある鹿島空へ移動した。

北浦空では「二座の実用機教程は九五水偵からだ」と言われていたが、滑水台(スベリ)にならんだのは濃緑の零式観測機一一型だった。速成教育の目的で、彼らは羽布張り機による前半を省略されたのだ。

学生舎は六人部屋で、単独の金属製ベッドを使う。机とイスも六つずつ、雑用担当の従兵もつくが、中練より格段に高性能な零観(ゼロかん)に乗る不安が立ちはだかった。

救いは教官の気質である。元来、銃爆撃とは縁がうすい水上機操縦員には、荒武者タイプはまれだ。十三期予学をたばねる分隊長の藁科(わらしな)保大尉は兵学校出身ながら、おだやかで落ち着いた人格者。教官の分隊士たちも出身を問わず、強圧的な態度で接する人物はいなかった。飛行作業でミスを生じても、修正(殴打)はなされない。

双フロートの水中練に比べて、単フロートの零観の離着水は難度が高い。機が傾いたまま降着すると、先に接水した翼端フロートを軸に機が回され、機首から海面に突っこむ。不なれなあいだ扱いにくさを佃学生は感じたが、さいわい事故を起こさなかった。

訓練要目のうち目新しいのは、浮上潜水艦をたたく対潜爆撃。高度一二〇〇メートルから降下し、四〇〇メートルで翼下に付けたダミーの演習爆弾を投下する。降下角

鹿島空の零式観測機一一型が霞ヶ浦西岸を滑水、離水にかかる。風が強めで湖面は荒れ、フロートまわりに水しぶきが湧き立っている。先行する長機から撮影。

三〇度は四五度以上をさす急降下よりもだいぶ浅いが、初めてだと垂直降下に感じられるほどの「おっかなさ」（佃さん）を誰しも味わった。

もう一つが夜間定着だ。薄暮の着水から夜へとしだいに時間を遅らせて、数日後に夜の着水へもっていく。紫外線灯で読む高度計の、指度おくれが恐いが、これも無事に終了した。

陸上機の取り組みやすさ

鹿島空での実用機教程は予定が四ヵ月のところを、わずか二ヵ月弱に半減。赤トンボの北浦空入隊以来、半年たらずの十九年五月二十四日で全操縦教程を修業した。殉職者などを除く佃学生ら三二名は、一般の前期組よりも二ヵ月早いのだから、〝超〟前期組と言えよう。

人数的に主体をなす後期組に四〜五ヵ月も先んじ、やがて分隊長職に補任される海兵七十一期より一ヵ月以上まえに実施部隊へ赴任する早さだ。人数調整など複数の理由が考えられるが、ここでは触れないでおく。

直前に、赴任する配属部隊の発表があった。佃学生は「第三〇二航空隊・陸上偵察隊」とされ、ほかに六名が同じ三〇二空への配属だ。教員が「大変ですよ」と陸偵隊の戦死率の高さを知らせてくれた。彼にとってはそれよりも、水上機から陸上機への転科が大問題。これまで車輪付きを操縦した経験がない。

教程を終えた休暇はなく、七名は二十八日にそろって汽車で、「派遣隊がいるから行け」と命じられた木更津へ向かう。基地に入ると「月光」分隊をとり仕切る森国雄大尉、陸偵隊分隊士の佐川潔中尉が出迎えた。

いつもは横須賀の本部にいる司令・小園安名中佐も、当直士官から聞いて玄関に姿を見せ、「よく着任された。飛行隊長の山田〔九七郎〕大尉も二座水偵出身である。どんどん陸上機を訓練してほしい」と述べ、力づよい握手が彼らを感激させた。

三日後の五月末日付で、七名は少尉に任官し、三〇二空配属から正式な隊員である三〇二空付に変わった。正確に述べれば、同日に「予備役編入」「即日、充員召集」の予備士官だ。

全機が進駐の厚木基地へ移るまで一週間ほどは、横須賀基地で離着陸を見学した。

横風着陸を零戦や「天山」がなんなくこなすのを、佃少尉は驚きの目で見た。水上機であれをやれば、一発であおられ、ひっくり返って大破する。

予学十三期の偵察前期組一四名といっしょに、広い厚木基地に到着したのは六月六日。小園司令が「僕の自慢の一つだ」という、突貫工事で拡張した大滑走路とできたての木造建物が建ちならぶ。同期四名ずつの部屋に入って、ロンジンの航空用懐中時計をふくむ飛行作業の装備品、生活用物品を入手する。

三〇二空の二式基本練習機と整備員。実用機から見れば外形はオモチャ的なイメージだが、よく飛んで保全も容易だった。

七名のうち、「月光」分隊と新設の「彗星」夜戦分隊に二名ずつ。佃少尉、荒木孝少尉、倉本和泰少尉が陸偵隊で、陸上機への転換訓練はいっしょに進める。まず軽飛行機に近い二式基本練習機をあてがわれた。「紅葉(こうよう)」の制式名は使われず、誰もがドイツの愛称の「ユングマン」と呼んだ。

から。

水上機乗りなら全員が、左舷から座席に入るのに違和感を抱くはずだ。水上機の場合はプロペラの回転が巻き上げる飛沫がかからないように、右舷搭乗が大原則なのだから。

初めの二回は、戦地帰りの飛曹長、下士官が同乗してくれた。飛行要目の数字を順守して離陸～場周旋回～着陸をやってみる。風向、風速をあまり気づかわず、思いどおりに飛べ、佃少尉が抱いた「水上機よりグッとやさしい」感想は、三名に共通だった。低速時の機首上げ姿勢でも容易に失速に入らず、〝不時着練習用〟と厚木で呼ばれていた機の飛行特性と、すでに零観を操縦していた経験および能力ゆえだろう。

陸偵隊長（分隊長）の佐久間武大尉は偵察員だが、「ユングマン」を飛ばしたがり、「お前、重し代わり（バラスト）に前席に乗らんか」と同乗を頼まれた。二つ返事で引き受けると、大尉は苦もなく離陸して、場周飛行に続きスタントもうまくこなした。霞ヶ浦空で中練の操縦まですませていて、二式基練が飛行特性に優れるから、こんな真似ができる。

続いて、七名の互乗で数回飛んでから単独飛行。合計六～七日で宙返りや垂直旋回も経験して、次の二式中間練習機に移る。二式基練と同様に、同乗飛行を数回ののち単独で飛んだ。フラップが複操縦の手動式だから、予学十一期の先輩・馬場善通（よしみち）少尉（七月に中尉）が後席で「俺がフラップを降ろしてやる」と手伝ってくれた。

他隊でも評されたのと同じく、二式中練は飛行安定にクセがあって油断すると傾き、エンジン出力が不足気味の「難しい飛行機」(佃さん)だった。フルスロットルでも離陸後の高度がとれず、高圧線を「南無阿弥陀仏！」と念じてやっと飛び越える。帰投後、指揮所で報告すると、ほかにも同一例があったそうで、翌日から練習機用の八七オクタン燃料を、実用機と同じ九一オクタンに変えてもらえて、上昇力が増した。自重が零戦二一型の九割の機を、半分のパワーで飛ばすのだから、そもそも余裕がない。燃料変更のおかげで、江ノ島上空でのスタントにも対応力がアップした。

夜は飛ばない陸偵隊には不要なサングラスをかけて、佃少尉が士官宿舎の横に立つ。零夜戦隊に移ってまもないころだろうか。

零夜戦乗りは四〇日だけ陸偵隊にとっての訓練用機材が九九式艦上爆撃機二二型だ。実用する「彗星」艦爆一二型(主用機は同型の二式艦上偵察機)の前装

エンジン停止のため不時着し、片脚折損の九九式艦上爆撃機二二型。操縦の斉田元春少尉も偵察席の佃少尉も無事だった。

備機ゆえである。九九艦爆は二式中練よりも確実に操縦が楽で、頑丈だから着陸も容易。偵察任務に急降下訓練の必要はなく、数回の飛行で終えられた。

この機でもバラスト役を務め、こんどは冷や汗をかく。機関学校出の斉田元春少尉の操縦訓練に同乗して、飛行中にエンジンが止まった。降着のさい、主脚を折ったが無事に生還している。佃少尉の飛行キャリア中、同乗ながら一度だけの不時着経験である。

故障頻発の液冷エンジン、主脚の折損、蓄電池の不具合など二式艦偵の泣きどころを整備員から聞かされ、事故・故障現場を見ているから、不安感がつきまとう。運よく佃少尉が乗った機は、いちども動力系統のトラブルを生じず、フットバーの修正ミスから乗機を回されての脚折れとも、なんとか無縁ですんだ。

一一型についで出力向上の二一型も経験し、航法通信、三角航法、高高度飛行と訓練は進む。七月なかばの飛行作業後、シャワーを浴びてから士官食堂で食べていると、零夜戦の分隊長・荒木俊士大尉が「佃少尉は二座の出身だな」と語りかけた。「どうだ、俺のところでやらんか？」。早い話が、素質を見こんでのスカウトだ。

七名のうち「彗星」夜戦の田畑修少尉は、すでに零夜戦分隊に移って、零戦で飛んでいるそうだ。故障知らずのエンジン、軽快な離着陸や飛行をながめて、艦偵よりも魅力を感じていた。「俺も、もとは二座水偵なんだ」と話す、ハートナイス（好人物）で人格者の大尉の人がらにも惹かれた。

少尉の「よろしければ使って下さい」の返事を受けて、荒木大尉が陸偵隊長・時枝重良大尉の許可をもらい、続いて二人は司令私室にいた小園中佐の判断を仰ぐ。司令は大尉から零夜戦分隊の手不足と他分隊からの移行をすでに聞いていたらしく、「俺が連絡に使う二一型がある。中練より扱いやすいから、安心して訓練しろ」と言ってくれた。

複座の零式練戦はまだ配備されていないので、零戦二一型の搭乗員須知（飛行マニュアル）を読んで操訓にかかる。おおかたの機の離着陸が終わった夕刻、一六〇〇メートルの主滑走路へ運び出して、離陸の直前まで走行し特性とクセを呑みこんだ。これまで飛んでいる六機種のうちで、なじみやすい機だと身体が感じた。

手前が零夜戦分隊にコンバートされた田畑修少尉(左)と佃少尉。後ろは森岡寛大尉と分隊長・荒木俊士大尉。19年8月、やや難儀な零戦五二型と。

翌日は離陸して、すなおで容易かつ軽快な操縦性と、失速に入れづらいほど優れた安定性に「すごい飛行機だ！」と喜んだ。基本操作にはすぐになじんで、江ノ島〜駿河湾上空で各種機動をためす。下士官に教えられた捻(ひね)りこみも、問題なくこなせた。

一週間後に搭乗した五二型は、同じ零戦でも出力大で翼面荷重が高く、シャープな操縦が必要で、別機に近い難しさだ。飛行中も排気音がやかましく、耳と頭に響いた。滑走の慣熟からやり直し、編隊飛行、空戦機動に移っていく。捻(ひね)りこみは未経験のままだ。神経をとぎすます模擬空戦の五分は、一時間にも感じられた。

荒木大尉のほか、次席の森岡寛(ゆたか)大尉、予学の先輩・井村雄次中尉からも手ほどきしてもらえた。森岡大尉は腕がよく、超然とした感じ。追躡(ついじょう)攻撃で後ろをとる佃少尉が二〜三度の宙返りで見失っても、やかましく叱らなかった。対照的に、井村中尉からは文句をビシビシぶつけられた。

海面への実弾射撃も経験した八月下旬、荒木分隊長から「残念ながら、陸偵隊へもどれ。転勤や殉職のさいに、相応の処置をとれないらしい」と告げられた。零戦分隊で飛んでいても、それは三〇二空内での仮のかたち。実際はいまだ陸偵分隊に籍があるから、〝違法措置〟というわけだ。となりの陸偵隊指揮所で復帰を報告すると、隊長・時枝大尉はニヤリと笑った。

まもなく海軍省人事局から、一五三空（いちごおさん）・偵察第一〇二（いちまるふた）飛行隊への八月二十五日付の転勤辞令が、電報で届いた。陸偵隊にもどった理由はここにあった。あのまま零夜戦隊にいたら、秋以降に着任する同期の少尉たちをしのいで、B－29邀撃（ようげき）戦でつねに出撃搭乗割の一角を占めたに違いない。

ニコルスで合流できた

遠ざかっていた二式艦偵での飛行訓練をざっと復習してから、九月十六日に退隊。目的地はミンダナオ島のダバオだ。同期の偵察員・杉田正一少尉と、横浜水上基地へ出向いて、十九日の朝に九七式飛行艇に便乗し、佐世保～鹿児島～台湾・東港経由で、二十一日の正午すぎにマニラの南西四キロのキャビテ水上基地に近づいた。

9月21日のマニラ港で、第38任務部隊の艦上機群に攻撃される日本軍艦船。いちばん下の油槽船は沈みかかっている。佃少尉は修羅場に到着した。「ホーネット」搭載機から写す。

マニラ港の施設、タンクから火炎と黒煙が上がって、同じ九七大艇が沈没し燃えている。すれ違うゴム艇を呼び止めた佃少尉は、水兵から「敵艦載機の空襲中です！」と聞かされた。この機もすぐやられる、と読んだ少尉は、半ば命令口調でゴム艇を借り受け、三回の往復で二十数名の搭乗員と便乗者を桟橋へ運び終えた。

敵は第38任務部隊・空母群の搭載機。フィリピン攻略をもくろむ米軍の、マニラ地区と周辺飛行場への初空襲だった。グラマンF6F－5にとっては好餌でしかない彼らの大艇は、幸運にも波状攻撃がとだえたあいだに飛来したのだ。

次の波の来襲機群が襲いかかる被爆のマニラへ、佃少尉と杉田少尉は用意された自動車で向かい、マニラホテルに投宿。やがて訪れた名高いマニラ湾の夕焼けのなかに、燃え続ける多くの艦船があって、彼らは戦場の惨状の一端を窓からながめるばかり。

翌二十二日も朝からマニラ上空を敵艦上機が乱舞した。ホテルから見上げる佃少尉の目に零戦は映らず、少数の一式戦闘機がF6Fに挑んで落とされるばかり。だが彼らは任務の途上にある。九七大艇の便乗はここまでなので、目的地のダバオまで南南東へ八〇〇キロの飛行便を探さねばならない。

それからは、ホテルに近い南遣艦隊司令部へ出向いて、輸送機の有無を聞くのが日課だ。三日目の二十五日に、ダバオの偵察一〇二飛行隊が、マニラ近郊のニコルス基地に引き上げてきたと教えられ、事実なのを電話で確認できた。危険な長距離飛行が必要なくなって、佃少尉がやれやれと安堵したのは当然である。

二人は、さっそくニコルスの一五三空の宿舎に入った。指揮下の二個飛行隊は偵一〇二と夜戦の戦闘九〇一で、後者の隊長・美濃部正少佐がとなりの部屋だった。少佐は以前に三〇二空で、夜戦分隊をまとめた当初の第二飛行隊のトップを務め、指揮所で出会って佃少尉に話しかけたから、互いに顔を見知っていた。

宿舎で少尉を見つけ、「お前もここに来たのか。おい、日本海軍も終わりだぜ」と言い捨てた。九月十日にダバオ沖の島の見張が、白波を米上陸軍と見まちがえ、第一航空艦隊司令部は狼狽(ろうばい)した。美濃部大尉は零戦で敵情視察に出て、敵軍の不在を視認。パニックをさらした艦隊司令部は、そのままダバオを放棄してマニラに移ってきた。偵一〇二の移動も、これにつれたものだ。

偵一〇二にはほかに、やはり三〇二空・陸偵隊でともに訓練した、予学先輩の細野文雄中尉がいた。内地へ受領に出向いた陸軍供与の百式三型司令部偵察機が乗機で、「この飛行機は『彗星』よりも手こずるぞ。視界が見えにくいんだ」と、曲面構成の風防によるゆがみを佃少尉に説明した。

未帰還と空襲による喪失、破損で、使える二式艦偵は三〜四機しかない。この機の操訓が不充分な佃少尉は、整備後の機の試飛行や、新人偵察員の航法・通信訓練に飛んだ。少尉に偵察キャリアが皆無なためだろう、未帰還が出たあと「今回は私が行きます」と申し出ても、出撃命令を受けなかった。

ニコルスで一週間ほどすごしたら、偵一〇二用に一機の零戦五二型が空輸されてきた。厚木での操訓が懐かしい佃少尉は、さっそく乗りこんでレバーやスイッチに触れてみる。「偵察用に配備された機材」と告げられ、座席の後ろにK-8二五センチ固定航空写真機が設置してあるのを確かめた。

垂直写真の連続撮影が可能で、操縦席からレンズのふたを開閉する。機銃はそのま

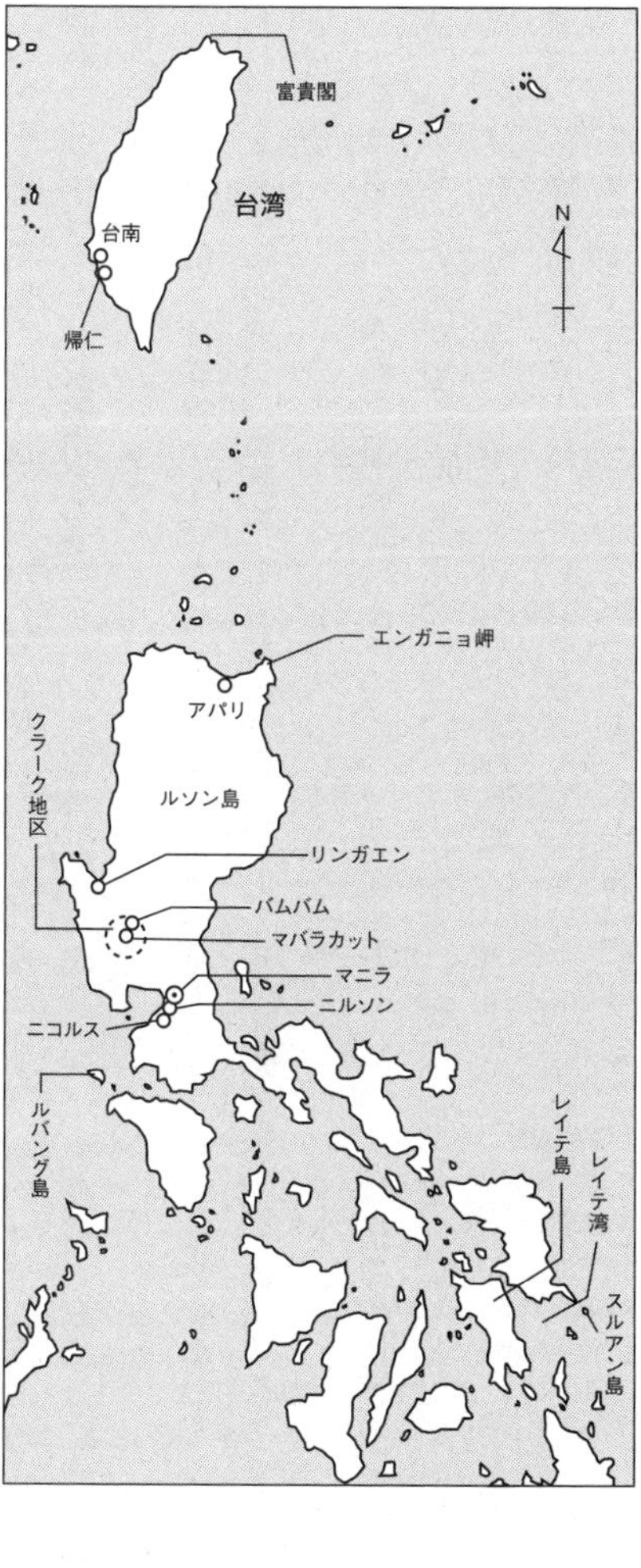

ま残されているから、航空技術廠の改造製作による強行偵察仕様の零戦だ。隊内で零戦の操縦経験があるのは、佃少尉と太田太一飛曹の二名だけ。少尉は二式艦偵の訓練をやめて、この機で写真撮影と航法の訓練にかかった。

指揮所での有馬少将

ニコルス基地で、二階建ての広からぬ指揮所に詰めていた佃少尉は、一隅のデッキチェアに腰かける古武士然とした少将をよく見かけた。偵一〇二の整備下士官が「あの方は、二十六航戦の有馬〔正文〕司令官ですよ。りっぱな方と聞いています」と教えてくれた。

第二十六航空戦隊の任務は、菲島空の指揮だ。菲島空はフィリピンの基地を統括する、いわゆる乙航空隊であり、飛行隊を持たない地味な組織だ。ダバオで白波を敵と誤認しうろたえた一航艦司令部がマニラに移ってきたから、二十六航戦司令部はその指揮を受ける立場に変わった。

自分の飛行隊とは連携がないから、有馬司令官と言葉を交わす機会を得なかった。飛行場を見やる眼光に、鋭さとともに温かみを感じた佃少尉の直感が〝人徳〟の二文字だった。

マニラ周辺への空襲が頻度を増す。そのつど少尉をふくむ人々は、指揮所地下の電信室か手ぢかの防空壕に逃げこんだ。ところが司令官は避退に移らず、毅然としてふだんの位置を動かない。それを知った少尉たち数名も、次の空襲では指揮所内にとどまり、危険に耐えてがんばっていた。

彼らを見た司令官は彼らを呼んで、「早く防空壕に入りたまえ！　むだ死にしてはいかん」と強い口調で叱った。その言葉は少尉の耳朶を打ち、戦後も記憶に残り続ける。

「司令官の簡易ベッドが指揮所に運んであった。夜も宿舎に帰らず、そこで仮眠する。佃少尉や偵一〇二の士官たちは、表現しにくい畏敬の念を覚えた。生命の心配をしていては、おいそれとできはしない。このとき、すでに戦局の挽回不能を覚悟し、あるいは戦死した部下のあとを追うつもりだったのだろうか。

佃少尉がニコルスの指揮所で、有馬少将の姿を認めたのは半月ほどだ。十月十五日の午後、七六一空・攻撃七〇四飛行隊の一式陸攻に乗りこみ、クラークから第38任務部隊の空母をめざして三機で出撃。ルソン島東方洋上で、空母「エンタープライズ」を発艦した第20戦闘飛行隊のF6F－5につかまり、いずれも撃墜された。

指揮下にない部隊の陸攻の作戦飛行に、少将がどうやって加わったのかは分からない。搭乗前に所持する双眼鏡から「司令官」の白文字を削り、襟から階級章をはずしたといわれる。事実なら、戦死を覚悟していたのだろう。率先して特攻攻撃の先陣に加わろうとしない、口先ばかりの佐官、古参尉官への決別だったのは、おそらく間違いあるまい。

いつのまにか指揮所で出会わなくなった司令官を、気に留めておくゆとりは佃少尉

九八式射爆照準器を装備の二式艦偵または「彗星」一一型が発進にかかる。330リットル増槽を右翼下だけに付けているのは、比較的近距離への作戦かニュース用の撮影のため。クラーク地区にある飛行場の可能性が高い。

にありはしなかった。圧倒されていく航空戦。激務の波に洗われざるを得ない、きびしい日々の連続だったから。

単機、悪天候の洋上を飛ぶ

フィリピン各地にあった第一航空艦隊戦力の、クラーク地区への移動・集中がはかられ、十九年十月なかばに偵察第一〇二飛行隊にも早急な移動が下令された。クラークはマニラから北北西へ一〇〇キロ前後、多くの陸海軍航空施設を集めた広大な地域だ。

佃喜太郎少尉の零戦偵察機と小川安彦飛曹長の二式艦上偵察機は十五日、北部クラークのバムバム（バンバンと発音）に着陸。少尉が指揮所に出向くと、一航艦の参謀から「準備後ただちに台湾東方沖の戦果偵察に向かえ」と命じられた。バムバム～台湾沖航空戦（十月十二～十三日）の海域の往復は、直距離で四〇〇キロほど。両機とも、いまはカラに近い機内タンクを満たし、付けっぱなしの増槽にも給油が必要だ。往路はそのまま台南基地に降りていい、と妥協策が出された。

零戦は偵察しつつ二式艦偵を掩護する、ペアの偵察行だ。警報が出るなか、まず艦偵への燃料補給がなんとか終わり、零戦にかかっていたら補給車のポンプが故障した。手作業で再開したが、一時間以上かかる。そこで艦偵の先発が決まって出動していった。

偵察員の小川飛曹長から台湾沖への航法をざっと聞かされても、佃少尉に自信はわいてこなかった。本格的な作戦飛行は初めてなうえ、偵察員がいないのだから当然だ。艦偵の離陸後一時間近くたって零戦に燃料が入った。敵機急襲の恐れがあるので、いきなり発動、即時に離陸する。

二〇〇〇メートルの高度を北進するうちに、雲がめだって張りつめてきた。下方にもぐって飛ぶから高度がじりじり低下する。やがて七〇〇メートルまで降りたとき、もや（ミスト）を通してアパリの町が見えた。街並みを航過して海上に出たが晴れ間は見えず、前方も下方の海面も暗い。雨滴が風防をたたき出した。高度五〇〇メートル。もはや写真を撮れる天候ではない。

アパリから三〇分、一〇〇～二〇〇メートルの低空を飛んでいて、少尉には交戦海域にも台南基地にも到達しうる自信が失せていた。「引き返そう」と決めて大きく旋回し、少しずつ高度を上げながら南下するうちに、周囲がわずかに明るさを増している。高度一〇〇〇メートルに達し、フィリピンの海岸線を認めて地図(チャート)とくらべる。ルソン島北東端のエンガニョ岬だった。

バムバムに降りて安堵(あんど)したのは午後三時ごろ。初めての悪天候・単独・洋上・偵察飛行から生還できた。指揮所で報告すると、不首尾だったから参謀の機嫌は悪かった。案じていた先発の二式艦偵は台南に降り、翌十六日の朝八時ごろに帰ってきて、少尉と小川飛曹長はたがいの無事を喜び合った。

この十六日の午後、マニラへの空襲一段落を見て、偵一〇二はなにかと便利なニコルスへの復帰を命じられた。一航艦／第七基地航空部隊の司令部が、近場のマニラにあるからだ。

事態は急速に動いた。フィリピン中部、レイテ湾の入口にある小島・スルアン島に米軍が上陸したのは、十月十七日の午前八時。基地管理の非島(ひとう)航空隊司令から、平文(ひらぶん)の緊急電が食堂の士官たちに伝えられた。決戦場がレイテ島に定まったのだ。

レイテ湾突入をはかった比島沖海戦は、二十五日の決戦日に敗北した。三日たって偵一〇二の零戦に、ルソン島東方海域の偵察命令が出た。

コースはニコルスから四五度、北東方向へ二五〇浬（かいり）（四五〇キロ）を、巡航の時速三〇〇キロで飛ぶ。飛行要務士から航空地図（チャート）を受け取った佃少尉は、燃料と弾薬、偵察カメラを点検ののち離陸。ところが右主脚「出」を示す青灯が、収納操作後も赤へ変わらない。いったん着陸し、点検を申し出たが時間の余裕がなく、「下から出入を確認する」と言われて再離陸。高度五〇メートルで旋回しながら、地表で旗を丸く振っているのを確かめた。

洋上に出て一時間、二〇キロ前方から反航してくる小型機一機を視認した。零戦の方が五〇〇メートルほど優位でも、彼に空戦経験はないから、初手（しょて）をどう打つか瞬時の決断を反射的につけがたい。

断雲のせいか相手は気づかないまま近づき、すれ違った。「あ、陸軍機！」と直感し、その後も初会敵を覚悟した緊張がしばらく残っていた。

上がれば未帰還

クラーク基地群への空襲、レイテの攻防と特攻機の出撃が続く十一月初め、ニコルス基地の偵一〇二指揮所に、戦闘八〇四飛行隊の佐藤隆少尉が現われた。

北浦空の水中練、鹿島空の零観をともに訓練。三〇二空着任もいっしょだが、佐藤少尉は「月光」分隊の錬成士官なので、厚木にいるうちは顔を合わさなかった。「まだ生きていたか！」とひさびさの話をはずませた。

次に会ったのは六日だ。夕食後、佃少尉の部屋に来た佐藤少尉に「いまから出撃だ。俺の懐中電灯が点かないから、貴様のを貸してくれ」と頼まれ、すぐにわたした。「月光」の離陸音からしばらくたって、まどろみかけた耳にまた「月光」の爆音が遠く近くに聞こえ、やがてとだえた。

翌朝、「『月光』一機が動力不調で消息不明」の情報が伝わり、二〜三日後にマニラ東方で不時着機が見つかった。佐藤少尉ペアの「月光」と分かって、佃少尉は夜間不時着の恐さと、あっさりした「行ってくるぜ」の言葉を、あらためて思い起こした。

第38任務部隊の艦上機は残存水上艦艇、第7航空軍の戦爆は南部フィリピンの基地を標的に向かったため、クラーク空域が珍しく静かな十一月十三日の朝。機材払底のところに、珍しく二式艦偵二機の整備が仕上がった。

三〇二空・陸偵隊で訓練し、月初めに偵一〇二に着任していた城戸大耀大尉は、「内地を出て、一度も操縦していない。一機は俺が試飛行をやるよ」と宣言した。「俺、後席に乗るぜ」と、居合わせた杉田少尉が同乗を希望する。もう一機は、伊波一飛曹と河野一飛曹の実績充分なペアが担当した。

離陸後ややたった午前九時ごろだ。突然、指揮所屋上の見張台から、警鐘の乱打と「空襲、空襲！」の大声が響いた。F6F-5群が突っこんでくる。佃少尉はすぐに指揮所の地下にある電信室に駆けこんで、「宛(アテ)試飛行機　マニラ西方海上ニ避退セヨ」を送信させた。その後三時間、打電し続けたが、返信は入らなかった。

捜索により、河野―伊波機はマニラの南西一五〇キロのルバング島に墜落。撃墜したのは、空母「エセックス」を発艦した第15戦闘飛行隊のラルフ・E・フォルツ中尉だった。城戸―杉田機はマニラ東方のニルソン飛行場（陸軍使用）に落ちたと推定される。やはりF6F編隊に捕捉されたのだが、破損・焼損がひどくて機種と搭乗員の確定がなされなかった。

戦力差の広がりから戦況の維持は困難化し、正攻法は影をひそめて、ただ特攻攻撃を注ぎこむだけの上級組織の姿勢は十一月にきわだった。そのなかで偵察飛行隊は、特攻隊の編成からほぼ除外されていた。

海軍の場合、特攻隊員の技倆レベル、操縦特性の難易度、搭乗員と機材の数から、まず零戦が使われ、ついで艦爆、艦攻など単発の戦闘用機が用意された。対して偵察機は、人機の数が少なくて特攻隊を編成しにくく、機種的にも「爆装」機動、「突入」機動との乖離(かいり)が大きいから、必死攻撃を連想されにくい。

偵一〇二からの特攻要員抽出を、佃少尉は一度も聞いておらず、他隊員も同様だった。佃さんは取材時に、「運命の糸を感じないではいられません」と語ってくれた。

国分で三機を受け取った

十一月十五日付で偵一〇二は一五三空から、二航艦・一四一(いちよんいち)空の指揮下に移った。レイテ戦線の崩壊で、その一ヵ月後にはクラーク地区への後退が決まり、零戦で十月に洋上偵察に発進したバムバムへ移動する。可動機は一機もなく、搭乗員、地上員の順で、機器材とともに、ゲリラよけの機銃を付けたトラックに乗っていった。

飛行隊長・立川惣之助(そうのすけ)大尉から「国分に艦偵が三機あるらしい。取ってこい」と言われて、佃少尉は驚き喜んだ。見納めたつもりの内地へ、もう一度帰れるとは。

三個ペア要るから、天本一飛曹ら下士官五名を選ぶ。装具を落下傘袋に詰めて、南につながるマバラカット飛行場から零式輸送機(ダグラス)に搭乗。北部のリンガエンで追加便乗者を乗せ、台南経由で鹿児島空に着陸した。フィリピン全域の制空権を奪われた十二月二十日ごろ。会敵しなかった幸運に、便乗の全員が胸をなでおろして喜んだ。

ここで泊まって、汽車とバスで国分基地へ。主計科の下士官に冬装を出させて宿舎に入り、翌朝に飛行場で受領機を見た。塗料の剥落（はくらく）とホコリがひどい使い古しの艦爆型「彗星」で、写真機など偵察用の機器材を付けていない。空冷の三三型と交換した余剰機だ。少尉は基地付（乙航空隊付）の整備員に、エンジンの補修・点検を頼む。本務のうちの片手間作業だが四〜五日ですんで、三機とも試飛行を終えられた。

19年11月、第一国分基地に待機する七五二空・攻撃第五飛行隊の「彗星」三三型（手前右の２機）と一二型（左の２機）を、指揮所の屋上から見る。このとき攻五が還納あるいは残置した古い一二型を、佃少尉らが受領した可能性が少なくない。

こんどは艦爆を艦偵に変えるため、鹿屋基地に隣接の第二十二航空廠へ空輸する。K－8航空写真機の装備、開口部用の外板切除、爆弾倉に燃料タンク増設、射爆照準器の除去、空中線（アンテナ）の換装など、変更がいくつもあった。

工員にこの種の作業経験がないため、佃少尉たちが分かる範囲の指示を出す。手伝う動員学徒の女学生は技倆はなくとも、真剣そのものだった。

完成度への不安が消えないまま、三十日に第二国分基地で三機の領収手続きを終え、大晦日(おおみそか)の午前中に発進する。大隅半島を航過するあたりで、翼内タンクから増槽使用に切り替えたら、後席の大久保明上飛曹から「燃料が噴きこんできます！」と報告された。引火がなにより恐い。後続の二機へ、手持ちのオルジス発光信号で「ワレ引キ返ス。台湾ニ向カヘ」を送らせ、最寄(もよ)りの鹿児島基地に降りた。

同期生の世話で酒食の便宜を得られ、燃料噴出は移送管の亀裂と分かって、工作科が修理してくれた。昭和二十年元旦の雑煮を食べ終え、宿舎を出かけた佃少尉の耳にサイレン音がうなる。青空高く、四本の飛行雲を引く単機が見えた。彼にとってB－29（写偵型のF－13A）との初邂逅(はつかいこう)だった。

「彗星」改造のにわか艦偵は鹿児島基地から、南西諸島の上空を台南へ向かう。沖縄の那覇に近い小禄(おろく)基地の上空をすぎて、慶良間列島のあたりでエンジンの震動が出てきた。大久保兵曹からも伝声管で「分隊士、震動を感じます」と報告が入る。

不時着水よりは、と機首を振って、沖縄へUターン。小禄に降りて点検してもらうと、点火栓(プラグ)のひどい汚れが原因だった。

翌二日、慶良間列島から台湾北端の富貴閣(ふうきかく)を視認し、西側海岸線を南下してようやく台南基地の上空に至った。降着にかかったら、右脚の青灯が点かない。地上では駐機場(エプロン)に布板をならべて、「右脚出ず」を示してくれた。〝応急処置〟を決めた佃少尉は上昇に移り、二〇〇〇メートル余の高度から急降下に入れて、思いきり引き起こす。ドーン！　強いショックがあり、計器板には脚出しの青灯が光っている。策は功を奏した。

着陸後、整備隊で主脚、エンジンまわりのチェックを頼んで、基地内の第二十一航空戦隊司令部へ行き、明日の出発を申告。だが参謀が、フィリピン帰還を見合わせよと言う。レイテ湾を抜錨の大規模艦船部隊がルソン島へ航行中だから、南進の飛行機は台湾に待機の命令が出ていた。

前日バムバムに帰還した二番機と三番機は、間を置かず索敵に出て消息を絶っていた。佃少尉が台南で足止めをくったのは、生存への運命だったように思える。

台南基地ですごした日々

一四一空の指揮下には偵一〇二のほかに、偵察第四飛行隊が入っていた。偵一〇二の生え抜きで、佃少尉の人格、技倆を知るベテラン操縦員・本間行孝飛曹長は、一月四日の一四一空の保有機を記録していた。「彗星」艦偵一機と零戦偵察機一機が偵一〇二、百偵一機と「彩雲」二～三機は偵一四一の装備で、「彩雲」の可動はゼロだっ

バムバム基地に放置された一四一空・偵察第四飛行隊の百式三型司令部偵察機。垂直尾翼に黄色で書いた141－103は一四一空の百偵3番機を示すのだろう。1月下旬に米側が撮影。

た。佃少尉は偵四の機材を見ていない。

両飛行隊の人員は六日、防衛部隊に編入されて基地背後の山地にうつる。翌七日の下令で、搭乗員はルソン北部の飛行場へ移動ののち、輸送機による台湾への脱出を命じられた。

一月九日の米地上軍のルソン島上陸から、台南基地にも脱出搭乗員を乗せた陸攻やダグラスが逐次飛来し、佃少尉は偵一〇二隊員の合計二〇名ほどに会えた。彼らは内地へ向かったが、少尉はペアの大久保上飛曹と残留を続行する。

下旬に入って（二十日らしい）、台湾の南東海域で機動部隊の索敵命令が下された。空母群の上空は戦闘機が哨戒し、おびただしい対空火器にねらわれるから、被墜戦死はまず間違いない。これが最期か、と寝台にもぐり、二十一日の午前三時に従兵に起こされた。飛行場への自動車からなにも見えないほど霧が濃い。指揮所前のエプロンで暖機運転中の、「彗星」改造艦偵の排気炎だけが青白く輝く。

早い朝食をとり、大久保上飛曹と相談して航空地図にコースを記入する。気象班から出た天気図、アテにできない司令部参謀の空域情況の予測も、意識に取りこんだ。発進予定の午前五時。霧はいっそう濃いが、夜が明けて明るさが増した。「地表近くの冷えで生じる輻射霧（ふくしゃぎり）だから上空は晴天だろう」との気象班の意見で、六時すぎに離陸にかかった。滑走路両側に間隔をとって置かれたカンテラ灯が頼りだ。白濁の中で離陸に成功。

1月9日のリンガエン上陸状況。大がかりな煙は揚陸艦艇と上陸地点をカムフラージュするため。圧倒的な戦力差でルソン島防御の崩壊が始まった。

高度七〇〇メートルで濃霧が薄らぎ始め、八〇〇メートルをこえて急に視界が開けた。佃少尉は陽光に感謝しつつ、南東へ機首を向ける。大久保上飛曹が針路をつかんでいるから安心だ。

まもなく後席から兵曹の声。「分隊士、司令部より入電。情報確実ナラズ、引き返セ、です」。死地へ向かう緊張がとけていく。下方の霧は消え出して、海岸線から地点標定ができた。着陸までの二時間半、視覚と思考が戦死から生還へ切り替わる、異種の世界を味わっていたのだ。

空襲を避けるため、南にある不時着場の帰仁に移った一月下旬、上陸地点だったリンガエン周辺の偵察行が、佃少尉に下令された。ずっと南のクラーク一帯が敵手に落ちたころで、上空には「彗星」艦偵より確実に高速な米戦闘機が待っている。「そのときはそのとき。ただ行くだけだ」と覚悟した。

大久保兵曹が体調不良で、清成一飛曹が偵察席に乗って、K－8写真機と無線電信機の調整に努めている。指揮所で出発を伝えた佃少尉が、前席の整備員へ合図を送り、再発動のメインスイッチを入れさせた。ところが、電動エナーシャとよんだ始動装置がかからない。

電動多用の「彗星」に生じがちな、バッテリー上がりだ。写真機の巻き上げモーターを、試しすぎたのが原因だった。飛行隊が不在の基地だからスペアはなく、再充電にはひと晩を要する。当然、出動は中止。緊迫した少尉の気持ちが一気にゆるんだ。

彼は同種のトラブルを経験していない。帰投の可能性がわずかなこの飛行が、偶発的な理由で出動不能におちいるのは、生命運の向く方向を強く示すものではないか。そして一月末、新たな辞令が届けられる。

木更津での愛機は「彩雲」

ルソン島で配属戦力を失った二航艦は、二十年一月八日付で解隊。有名無実の偵一〇二は、一月十五日付で三航艦・七五二空（ななごおふた）の指揮下に編入され、再編成が始まった。他飛行隊からの転勤、バムバム基地の残留者、そして台南どまりの佃少尉らが、月末～二月初めに木更津基地行きを伝えられた。

二月十日ごろにダグラスが飛来し、諸隊合わせて二〇名ほどの内地への搭乗が始まった。そのとき二十一航戦司令部の職員（佃さんは参謀と記憶）が走ってきて「『彗星』の一個ペアは残れ」と告げる。少尉が聞き返した。「なぜですか？」「ニコルスに『彗星』が一機あるらしい。それを持ってくるんだ」

すでにクラーク全域が敵手に落ち、マニラの市街戦がたけなわのときだ。その南に隣接するニコルスへ、二名がどんな方法で行けばいいのか。なにより、残置の「彗星」は飛行可能なのか。司令部職員は推定と希望的観測をならべるだけ。そのとき「内地行きの搭乗員は早く機上へ」と伝達が来た。敵襲があればダグラスは、万事休すだからだ。

身を寄せているだけの二十一航戦司令部の要求よりも、所属する偵一〇二の命令が優先する。佃少尉と偵察員一名は座席につき、台南をあとにできた。

離陸後に台湾への空襲警報が伝えられた。ルソンからの敵襲だ。ダグラスの離陸は、きわどく間に合った。敵機との遭遇はないまま鹿児島基地に到着。不如意な状態の鉄道を使って、千葉県の木更津基地に着くのに二月なかばまでかかった。

指揮所で着任を申告してから、飛行場を見わたした。いかにも高速を思わせるスリムな外形の「彩雲」一一型が、二〇機ちかい列線を敷いている。使い古しの改造「彗星」など数機を隠したバムバムとは、まったく隔世の景観。「この機が俺の棺桶か」と武者ぶるいを感じた。

高速と大航続力のうわさを聞いていた「彩雲」の操訓にかかる。離陸直前までの滑走をくり返し、赤ブーストの強力な加速と、スロットルレバーをしぼりきる速度急落に身体をなじませた。離着陸に移って、長機首ゆえの視界の狭さがやりにくく、主脚も長いからブレーキの片効きで回され折損するのが恐い。

時速六〇〇キロを超える最高速力のふれこみも、生産技倆の低下もあって、機によるがおおよそ五七〇〜五八〇キロあたり。単発機には珍しい自動操縦装置（高度針と針路を定針後にスイッチ・オン）は調整が難しいようで、三舵が正確に作動してくれなかった。

洋上偵察飛行の訓練は、伊豆諸島の先にあるベヨネーズ列岩。木更津から南へ直距離で三八〇キロの岩礁を、機動部隊に見立てて視認し、K－8で撮影する。途中の航法・通信と敵艦船の索敵も演練のうちだ。起点は大島南端。列岩に到達後は真北へ、房総半島先端の野島崎まで飛んで帰投する。二時間半～三時間を要した。

木更津基地で七五二空・偵一〇二の「彩雲」一一型が発進直前。座席を上げた操縦員が「誉」二一型エンジンをチェックする。主翼の前縁スラットは開状態だ。

実戦での偵察飛行を経験してきた佃少尉にとって、困難な点はないから、自動操縦装置（自操）の精度を試してみた。操縦桿とフットバーには手足を触れず、見守るだけ。桿とバーが小刻みに動いて、偵察席の同期・栗田文吉少尉から「ドンピシャだぞ」の声が伝わった。敗戦までに佃少尉がなんどか自操を使って、満足できたのはこのときだけである。

列岩の上空に到達する三〇分前から、マスクに酸素を流して、高度を八五〇〇メートルへ上げていく。水平飛行にもどして自操をふたたびオンに。気温が下がって尿意を覚えたので、座席の横の小便袋の初使用を試み、使いにくさに往生した。

敵の制空権下では、高高度飛行は不可欠だ。佃少尉は高度九五〇〇メートルをつごう六～七回経験して、「彩雲」の高空性能のよさを実感した。ただし、空気の薄さには抗し得ず、機を少しでも傾けると滑って高度を二〇〇～三〇〇メートル失った。

扇状索敵は「敵ヲ見ズ」

偵一〇二の訓練は二十年の二月から三月いっぱい進められた。

三月中旬に西日本、下旬に入って沖縄決戦・天一号作戦が始まり、海軍の主力をなす五航艦は当初から苦しい戦いを余儀なくされた。主敵・第58任務部隊（第38と同じ。第5艦隊に編入による番号変更）の動向、状況、戦果を察知に向かう七六二空・偵一一の「彩雲」の未帰還がめだち、三月下旬のうちに偵一〇二からの機材補充が決まった。

第一陣、四機一二名の先任が佃中尉（三月一日付進級）だ。瀬戸内海を西進、豊後水道から宮崎県南端の都井岬まで南下し、志布志湾を航過して鹿屋基地に降りた。

「彩雲」の空輪が任務なので、引きわたして帰ろうとする中尉に、偵一一飛行隊長の金子義郎少佐が「偵一〇二へは話を通してある。搭乗員が減っているんで、ここに残って必要時に出てもらいたい」と話す。それなら残留するしかない。

20年3月末、偵一〇二鹿屋派遣隊として進出した佃中尉(左)。右は応援を受ける側の一七一空・偵一一の同期生、重田健治少尉。4月7日の偵察に出動して、南西諸島上空で戦死する。

数日のちの三月三十一日（佃さんの回想。二十九日か）、九州東南海面へ単機ずつ四線の扇状索敵が決まって、偵一一と偵一〇二の二個ペアずつの出動が下令された。「出発します」と申告した先任者の佃中尉に割り当てられた機は、彼が木更津から操縦してきた「彩雲」だった。

空襲のはざまを見て発進。スロットル全開の滑走なのに、速度が上がらない。連続の爆撃で、穴を埋めても路面が凹凸だらけで柔らかいからだ。路端が迫る。不足気味の機速で操縦桿を引いて、かろうじて離陸できた。

都井岬が起点、針路一三〇度、南東方向への一番索敵線だ。六〇〇〇メートルへ高度を上げていくと断雲が増えてきたので、雲下の二五〇〇メートルまで降下する。艦影はまったく視界に入らない。進出距離三五〇浬（六五〇キロ）の先端に達して、電信員が「敵ヲ見ズ　イマヨリ帰投ス」を送った。上昇にかかり、高度を六〇〇〇メートルまでもどす。

　発進後四時間がすぎた。やがて雲間に海岸線がわずかに見えて、「宮崎の沿岸だろう」と見当をつけた佃中尉を安心させた。降下に入り、雲を抜ける。とがった地形は都井岬、右旋回で志布志湾、すぐに鹿屋のはずだ。

　しかし湾の海岸線がどこにもない。うすい海霧の先はずっと海面なのだ。伝声管で偵察員に問うと、兵曹も図板を確認中のようす。中尉は「彩雲」を旋回させて、先ほどの岬付近にもっていった。偵察席から「あれは足摺岬です」と言ってきた。なんと北東方向へ二〇〇キロ以上もずれている。「針路二二〇度でお願いします」。申し訳なさそうな声が伝声管から聞こえた。

　強い偏西風に東へ流されたのが原因のようだが、明らかに偵察員の大ミスだ。操縦席の計器板にも羅針儀（コンパス）は付いているから、経験豊富な操縦員だったなら針路の誤りを悟（さと）れただろうに、と中尉自身もいささか情けない気分を味わった。

　確実に足摺岬をとらえたのは午後五時すぎだ。「こんどは間違いありません」。薄暮の鹿屋に帰着して、指揮所で申告すると、金子少佐は笑みを浮かべ「ご苦労だった」と答礼した。

第58任務部隊は沖縄周辺海域で作戦していたから、「彩雲」四機は敵艦戦に出くわさず、ほかの三機も帰投できた、まれな出動だった。

このあとも木更津から鹿屋への「彩雲」空輸と、搭乗員の応援は続く。金子偵一一飛行隊長の指揮を受けて、偵一〇二隊員がそろってペアで、あるいは偵一一の二人と組んで出動し、未帰還にいたった者もいる。

佃中尉はその後の作戦飛行を命じられず、四月十日ごろに汽車で三日がかりの帰途についた。この間、特攻隊への移行の話はまったく出ず、木更津にもどってからも必死攻撃の命令はもとより、示唆も与えられなかった。

「橘花」を見て戦争を終える

第58任務部隊の泊地ウルシー環礁を偵察するため、トラック諸島への「彩雲」空輸が決まり、そのメンバーたる命令を受けたのが四月下旬。中継地・南鳥島まででも一八〇〇キロの長距離だから、搭乗機の好調と調整完備は絶対条件だ。飛行隊の全機に対して、連日の試飛行が続いた。

五月四日も早い昼食後の試飛行があった。進出予定ペアの偵察・栗山高男上飛曹、電信・河又憲一一飛曹とともに、迎えの自動車で指揮所に着き、敵襲情報がないのを確かめてから発進にかかる。

房総半島をまわって東京湾上空に出た。加速反応が良好で、巡航のセッティングで時速三〇〇〜三二〇キロあたりの粗製機が多いのに、三七〇キロも出ている。操舵の反応も的確だ。トラック行きはこの「彩雲」、と決めて高度を下げ、基地に近づいたところに激しい降雨に突っこんだ。

滑走路では双発機が離陸中だ。不測の事故を避けて基地上空を離れ、陸軍の飛行場を認めて降着した。そこは下志津飛行場の未転圧区域だったため、「彩雲」はつんのめって裏返しで地表に衝突した。奇跡的に栗山、河又両兵曹に傷はなく、佃中尉は顔面打撲、両腕裂傷、腰椎骨折の重傷ながら、救命され意識も正常だった。

機首が長い機だから、着陸時の操縦員は視界をかせぐため、座席をいっぱいに上げている。身体が三〇センチほどせり上がり、前の固定風防よりも頭部が高く出て、前のめりに転倒するとたいてい首の骨を折る。この最悪の事態をまぬがれたのも、中尉の強運と言えよう。

夜まで安静を続け、三人は救急車で木更津基地まで送られた。無論、トラック行きは同期生と交代。木更津基地の医務室で強靭な体質と軍医の処置の巧妙さで、後遺症なく歩行から日常の動作ができるまでに回復していく。

ギプスが取れ、飛行隊長・佐久間武少佐（三〇二空当時の陸偵隊長）から地上走行の訓練許可をもらったのは、八月に入ってから。「彩雲」の偵察席にバラスト用の砂袋を積んで、離陸寸前までの滑走にはげんだ。その間に「偵察員の訓練に使う、機練の操縦をやってみろ」と隊長命令が出た。

日本軍の実用機では年式最古の九〇式二号機上作業練習機。佃中尉にとって最後の操縦訓練に従事した機材だった。敗戦後、米軍へ引きわたす、降服を表示したいわゆる緑十字機だ。

海軍現用機中で最古、幌馬車にも思える九〇式二号機上作業練習機の、エンジン出力は「彩雲」の四〜五分の一。経験者から諸元を聞いて、いきなり操縦してみた。速度が遅く、離陸時の圧迫がほとんどない。二〇〇メートルほどの滑走でフワリと浮き上がった。瞬間瞬間に意識がとがる二式艦偵や「彩雲」とは大違い。気楽でいいけれども、空中特性は意外にもろい面があって、油断から失速、墜落の恐れを無視できない。

空襲続きで飛行止めがかかって、機練および「彩雲」の訓練は続かなかった。そんな八月七日、プロペラがない小型機が牽引車の引かれてくるのを、指揮所から双眼鏡で見た。特殊攻撃機「橘花」の試作一号機による進空の始まりだった。

最古参の九〇機練を操訓中の佃中尉は、最新試製のジェット機による一五分間の飛行を記憶にとどめて、海軍搭乗員の日常にピリオドを打った。

「震電」の周辺
——前翼型戦闘機に欠かせざる追録

原則として、男性に関し国民皆兵であった大日本帝国においては、軍と民間が表裏一体の関係にあった。民間は軍を支え維持する基盤であり、人員、軍需品を供給し続けた。

軍へ送られた人員は軍人、軍属を務めたのだから、それぞれが「個人的戦史」を有している。だが、兵器などの生産に従事する民間人にとっても、彼らの労働は、戦いの帰趨(きすう)に大なる影響をもたらす「戦闘」とみなしうる。したがって、その活動、足跡は広義の「戦史」にふくんで差しつかえあるまい。

そうした人々のうちで、戦局への影響が最も顕著な職種の一つが、兵器の設計および生産にたずさわる航空技術者だ。

思いがけない連絡

飛行機雑誌の編集部に勤めていた昭和五十年〜五十一年（一九七五〜七六年）に、十八試局地戦闘機「震電」の取材に没頭し、記事を書いた。

あのころ、旧軍機の設計・開発メンバーはチーフ以下たいてい元気だったから、さまざまな不明点、疑問点の解明はさほど困難ではなかった。「震電」の場合、一六名の方々に回想をうかがったが、うち一〇名が直接に携わった技術関係者だった。

一人は航空技術廠の部員で主任設計者の鶴野正敬（まさよし）さん、設計課長だった小沼誠さんら九州飛行機（以下、九飛と略記）のスタッフが九人である。欠けているのは早くに鬼籍に入った技術部長の野尻康三（こうぞう）氏ぐらい。どなたにも快く協力してもらえた。

エンテ型と呼ばれる、ふつうの飛行機の前後を逆にしたようなスタイルは、ジェット機的な高性能を連想させるからだろうか、「震電」には当時も隠れファンが多かった。雑誌増刊号に発表した記事は、それゆえ予想以上に好評を得た。その後、平成三年（一九九一年）に朝日ソノラマ、ついで十二年に文藝春秋の文庫版の短篇集に入れ、そのつど改訂を加えたけれども、語句の変更が主体で、内容的な付加はわずかな部分にとどまった。理由はかんたん。新たな取材に取り組まなかったからだ。

積極的にあちこち増補したがる長篇にくらべ、短篇はあまり手を入れないのが私のパターンである。未取材の関係者を捜す気力もいまさらないし、鶴野さんも生前、かつて九飛駐在の海軍監督官（生産管理を担当）だった大学教授に「この記事が最も正確だ」と評し、推薦してくれた旨を、同教授からの書面で読んだことでもあり、「『震電』の記述は完結」と自分で納得していた。

二十一世紀にさしかかるころだったか、「震電」に関するあれこれを小さな集会で話す機会があった。しかし真剣な態度の皆さんに申し訳ないけれども、唸らせるような未公開のエピソードなど、もう持っておらず、余談、漫談に終始してしまった。こうした手じまい状態に、変動があったのは平成十五年（二〇〇三年）の五月。文春文庫版に所載の「前翼型戦闘機『震電』」を読んだ関善司（ぜんじ）さんが、登場人物への懐かしさと彼らの連絡先を求め、出版社気付で手紙をくれたのだ。

九飛の技術者だった関さんを端緒に、さらに二人の技術者からも思い出をうかがわせてもらえた。そこには四半世紀余を経たのちの「震電」記事への、もう得られまいと思いこんでいた新たなデータが少なからず収められていた。

東大航空機研究所で製図工として勤めるかたわら、工学院（現在の工学院大学）の

設計課の一室でくつろぐ関善司技師。「震電」にはタッチしなかった。

夜学に通っていた関さんは、昭和十二年（一九三七年）に卒業し、前身の渡辺鉄工所に入社。工学院の前身の工手学校は社長・渡辺福雄氏の出身校なので、はるか後輩たちの採用に社長みずから来校したそうだ。

技術部門は野尻技師、西郷博技師がリードするかたち。「〔これまで〕どこにいた？」「航研です」。東大出の二人の上司は即座に納得し、自分たちの下で仕事をするよう命じた。

渡辺「入社時の職名はなんでしたか」

関さん「『工員』で入りました。〔のちと職制が異なっていて、技師を補佐する〕『技手』〔の職名〕もなかったように覚えています」

渡「渡辺／九飛は二流メーカー、との思いを抱く社員もいたそうですが」

関「二流会社の意識は私も持っていましたね。入社後、機体の部分を請けおって作るための図を、三菱などからもらっていて、それを写すのも仕事でした。給料は高くなく、貧しい会社だったと思います」

その後、病気でしばらく勤務を離れた。大がらで好人物の西郷技師が「お前、あまり丈夫じゃないから、試飛行の世話をしろ」と気をつかってくれ、昭和十七年秋の機上作業練習機「白菊」、十八年末の対潜哨戒機「東海」の、西戸崎(さいとざき)社有飛行場における試飛行のさい、地上作業で協力した。「東海」には同乗もしたし、佐伯空に配備され始めたころに生じた墜落事故を見にも行った。

人絹メーカーの倉敷絹織(現クラレ)が設立した倉敷航空化工で、「東海」を木製化した練習機型を製造する方針が決まり、量産態勢に移行する二十年春までの半年間、西郷技師から指導任務を与えられて出向。このため「震電」に関わる機会を得られなかったが、九飛の本社や工場、諸施設がある福岡と異なり、海産物や果物など食糧事情がよくて助かった。

渡辺/九飛の職制では、技師は一等~五等に分かれ、その下に軍隊のベテラン下士官のような技手(ぎて)が配置された。三菱や川崎にくらべ、より広範に技師の呼称を用いている。「私は五等ぐらい。一等技師が部長、課長です」と関さん。部課長クラスが設計主務者を務めるのは他社と同じだ。

ハ四三の可動は良好

関さんの紹介で談話を得られた倉持勝朗さんは、「震電」開発のスタッフである。

日本大学で機械工学を学び、繰り上げ卒業で九飛に入社したのは、渡辺鉄工所から改称直前の昭和十八年九月末。十二月の「東海」の進空式に立ち会い、西戸崎飛行場で海軍側の領収飛行を支援した。

動力班の一員として、続いて「東海」の動力関係の改修など「雑用的」設計作業に従事する。

動力艤装班の一員、倉持勝朗技師は「震電」の成功を予感していた。

これを数ヵ月やっているうちに、設計課の業務にゆとりが出た十九年三月末、グループで川西航空機へ応援に。

渡辺「この時期ですと局地戦闘機『紫電改』?」

倉持さん「それが、中翼の『紫電』の高高度戦闘機型なんです。エンジンだけ高空用(二段過給機付きのNK9A／ハ四五-四一)に換える設計が仕事でした」

「紫電」はあくまでテスト用機で、エンジン換装が目的に適ったら試作段階の「紫電改」に応用し、生産する予定だったのか。

川西で一ヵ月あまりを過ごしたころ、倉持技師にだけ帰社命令が出された。「震電」製作に向けて手不足を見越しての伏線だったようで、まもなくその動力設計に加わる指示を与えられた。社内での呼び名は誰もが略記号のJ7（ジエイなな）を用い、やがて「震電」の名称が知れわたった。

原田（はるだ）のセメント工場で実行された、冷却効果試験機によるハ四三－四二の試運転。6翅プロペラが回っている。第二副課長・清原邦武技師が撮影の8ミリ動画から。

「震電」の短篇を書いたとき、私が直接の担当者に会えず、具体的な評価を表せなかったのが、装備エンジンたるハ四三（よんさん）－四二（よんにい）（ハ四三－四一特）が主体の動力部分である。それを尋ねる機会がようやく訪れたのだ。

渡「三菱の自信作だからといって、ハ四三は量産機に用いられておらず、実績が判然としないのですが」

倉「よく回りましたよ。テスト用の機体に付けたエンジンは〔試作が中止された〕双胴戦闘機の『閃電』から外したもので、原田（はるだ）の線路わきのセメント工場で冷却効果を調べる試運転をやりました。ただ〔第二段の過給機が〕流体接手なのでオイルが熱をもつし、これに馬力も食われる。〔歯車式〕一段三速〔の八四三－四四〕に切り換えるように設計を進めていました。八四三の量産の可能性は充分にあったでしょう」

渡「六翅プロペラはどうでしたか」

倉「VDMの全油圧式。うまくピッチが変わりました。あなたが書いているように量産機はブレードの幅を広げた四翅にする予定でした。プロペラの件では尼崎の住友金属へ出向きました」

　筆者にとって、これまで得がたかった回答だ。

　ユニークな考案の支持架は威力を発揮し、エンジンの音も振動も抑えこんだ。回転数を増していくと、一〇〇〇回転／分のあたりで少し共振を生じるが、その先はまた静まったという。ジェット化の話は本当にあって、実現可能な推力のエンジンが待ち望まれた。

渡「蓆田飛行場での試飛行はご覧になりましたか」

倉「滑走でペラを曲げたときは飛行場にいて、なにが起きたのかギョッとし、がっかりでした。初飛行のおり、〔技術部の疎開先にあてられていて、飛行場の南に位置する〕航空工業学校の設計室で『飛んだぞーっ』という声を聞いて、すぐ屋根に上がりました。跳び上がらんばかりの嬉しさです。飛行中の姿からは〔トルクの反作用で〕傾いているのは分からなかった。二回目、三回目の飛行も工業学校から見ましたよ」

第三回飛行後に右傾化の対策も立ち、「震電」はものになる、と倉持技師は感じていた。生産への態勢は進みつつあり、機体部分や部品のストックも増えていった。主翼の構造部品(パーツ)は三〇機分、工場に積んであった。生産型の出図が始まって、図面に捺(お)す「J7W2」(ジェイな・ダブリュツーと読んだ)の印判まででき上がっていた。

九州飛行機の本工場である雑餉隈(ざっしょのくま)工場の様相。設計、生産規模では二流製造会社の域を出なかったが。

渡「製作途中の写真撮影は、技師でもやはり許されなかったのでしょうね」

倉「うっかり撮ると〔防諜の関係で立場が〕危ないとのイメージはありました。それよりも、カメラはあってもフィルムがない、というのが第一の理由です」

渡「関さんもおっしゃっていましたが、裕福でない会社だったそうですね」
倉「九飛の若手職員が暮らした青雲寮や社員食堂の食事は、二十年に入ってからはひどかった。芋もなく、芋の葉を塩ゆでしたもの、赤いコーリャン飯、飯粒が少し混じったトウモロコシ滓(かす)。澄まし汁には博多湾の海水が、ほとんどそのまま出ました」
ビタミン不足で痒(かゆ)く、掻(か)けば血がタラタラと流れ出た。こんな食料事情で、一日一六時間の長い勤務にも耐えねばならない。

鶴野技術大尉はしばらく、この寮の二階奥の静かな部屋を使っていた。赴任後まもなくの十九年の夏の夜、B－29偵察機侵入の警報がかかったとき、室外に立った彼が一言も発せず、悔しそうな顔で警報解除まで月を見つめていたのを、そばに佇(たたず)んだ倉持元技師はいまも記憶する。

倉「小さな会社ゆえに小回りが利く。二流意識は私は抱きませんでしたが。終戦になって、蓆田飛行場の山かげに安直に造った整備エリアに入れてあった『震電』が爆破され、米軍が『飛べるようにすぐ直せ』と命じたそうです。私は父が亡くなって東京に帰っていたため、修復には加わっていません」

飛ぶのが当たり前

倉持技師らのリーダー、動力艤装班の主任が西村三男技師だ。「震電」の試運転や滑走、着陸を私的に8ミリ・シネカメラで撮影（ほかに会社が記録用に16ミリで撮ったが喪失）した清原邦武技師がすぐ上のポジションだった。熊本高等工業学校を出た西村青年は、昭和十年に渡辺鉄工所に入社し、二等技師の副課長で敗戦を迎える。

最初の本格的な仕事は、ドイツのビュッカー社が設計した、Bu131「ユングマン」練習機のライセンス生産。エンジンをヒルトから、国産版の日立「初風」に換装したための滑油冷却器の付加をはじめ、創意と工夫で動力関係をうまくまとめ上げ、二式陸上基本練習機「紅葉（こうよう）」の制式化に貢献した。

二式陸上中間練習機、「白菊」「東海」と、いずれも動力艤装のチーフを担当し、成果を収めた。「東海」の領収飛行では海軍側から機首席への同乗を命じられ、急降下後の引き起こし時に、海面にぶつかりはしないかと肝を冷やした。操縦桿をにぎった空技廠の少佐の技倆（ぎりょう）が、九飛の飛行士よりも劣ったからだ。

渡辺「『震電』、J7との関わりは最初から？」

西村さん「ええ。若い人たちを連れて川西へ出張していたとき、私だけ神戸駅に呼び出され、空技廠へ向かう会社メンバーに合流しました」

渡「昭和十九年六月ですね。試製震電計画要求書研究会が催された……」

西「空技廠で概要を聞き、エンテ型の飛行機は難しいだろうが、できないことはなかろう、と。高性能が出るかまでは思いいたりませんでした」

帰りはもう川西には寄らず、まっすぐに会社にもどった西村技師は、福岡市近郊の雑餉隈（ざっしょのくま）工場で「震電」の動力艤装に専念した。

西村さんへの質問のウェイトを、筆者は当然

西村三男技師は「震電」動力艤装班をひきい、的確に作業を進めた。

ながらハ四三に置いた。倉持さんの談話が好適な予備知識として役立った。

渡「試作機に試作エンジンを付けるのは、やはり心配だったでしょうね」

西「名古屋の三菱〔発動機製作所〕で初めてハ四三を見ました。どんな状態だったかは覚えていませんが。大きなエンジン、が第一印象。『完全に作ってあるだろう』と信頼感を持っていました。心配は、シリンダー温度が〔過度に〕上がりはしないかという点だけです。三菱へは二～三回出張しましたが、向こうの技術者も熱心でした」

渡「九飛でのコンディションはいかがでしたか」

西「地上運転は順調で、不具合は記憶にありません。いきなり、よく回った。実用の

域に達した、量産可能なエンジンでしたよ」

なるほど、さすがは三菱と言うべきか。ハ四三はやはり有望な動力源であったのだ。

西「六翅プロペラに不安はありましたが、うまく動いた。〔製作会社の〕住友金属から技師が何回か来ました。のちに四枚に減らすと聞いていました。これで同じ推力を出すために、直径を一・五倍にはできませんから、幅広にして〔径の増大を〕抑える。それでも二割ぐらいは径を増さないと」

渡「試飛行のときは飛行場においででしたか」

西「ええ、三回とも。一回目、傾いて上がったのがはっきり分かりました。感慨ですか？『飛んだなあ』ですね。感無量というほどではありません。飛ぶのが当たり前と思っていますから」

降りてきた九飛の宮石義喬（よしたか）操縦士に動力関係の不調、不具合を指摘されるのでは、とヒヤヒヤしていた。宮石操縦士からクレームがついたのは、潤滑油温度の過昇だけ。冷却器の開口部を広げる案が出され、「乗ったらどうか？」とも言われた。座席の後ろに一人入れるスペースがあるから、同乗し飛行中に実情を調査しては、という意味だ。どうしても直らないなら、そうしようと西村技師は考えた。

渡「ジェット化については？」

敗戦後、米軍に引きわたされる試製「震電」第１号機と、鶴野正敬技術少佐をはじめ設計関係者たち。雑餉隈工場で撮影。

西「話はありましたが、具体的には何ら進んでいなかった。ジェット化は可能と当時は思っていました」

試作一号機がどのようにして壊れたのか、判然とした証言を聞いたことがない。土砂に潰された説と、人為的な破壊説とがあるけれども。

西「ムシャクシャした気分の現場の人たちが壊したんです。私はその場にいなかったが、初めに風防ガラスを割ったようです。半年ほどの残務整理のなかに『震電』の修復作業もありました。米軍の指示による、海軍省からの『なるべく原形に近いように直せ』との命令でした」

米側もこの修復に立ち会っている。

その後、西村さんは航空技術の世界から離れ、郷里で両親の面倒をみて家族を養うため、まったく畑違いの酪農家に変身した。もう九飛でやっていたような面白い仕事はない、と見切ったから、技術者たる自分に未練はなかったという。

イフの中の「震電」

敗戦から六五年がたち（平成二十二年／二〇一〇年の時点で）、航空日本の片翼を担った技術陣の多くが逝去された。かつて、機体解説のあからさまな誤記述には関係者から訂正の要求が届いたものだが、時の経過とともに減って、いまではほぼ皆無になってしまった。冒頭に述べたように、新たな取材については言うに及ばずだ。

その状況は、この記事を書いた七年前でも大差なかった。したがって、航空技術者だった三氏に回想を聞かせてもらい、久々に飛行機開発の現場の余香を味わう経験を得られたのだ。いささか大仰（おおぎょう）だが、感覚が引きしまる気分を思い出した。

「震電」の秀でた切れ味のフォルムは、アメリカのカーチスXP－55、XP－56、イタリアのアンブロシーニSS4、スウェーデンのサーブJ21Aといった同類のエンテ型戦闘機とくらべて、身びいきではなく明らかに優越していると思う。形のいい飛行機は概して性能も良好なのは、世の東西を問わない。構造、システムも斬新で、かつ巧妙である。

かつて雑誌増刊号に「震電」の記事を載せたとき、眼下にB－29群を認めた長機の搭乗員が列機に降下急襲を伝えているイラストを、タイトルカットに配した。歴史の

昭和19年9月26日に撮影された風洞用の模型。これが18年の秋だったなら……。

イフが許されるなら、こんなシーンこそあれよかし、と執筆中に念じていたからだ。

とはいえ、初めて短篇集に入れたころには「そんな状況は全くの架空譚」と割りきる気持ちに変わっていた。トルク対応策をはじめ、新機軸の各部を実用に耐え得るメカニズムに仕立て上げるのは困難至極、そのうえハ四三の完品化には相当な時間がかかっただろう、と判断したからだ。三回飛行しただけでも御の字、が結論だった。

それが、いまや大いに変化した。動力、機体、火器のいずれもが、スタンバイ乃至はあと一歩のところにあったのだ。ハ四三が実用可能なら、機体は九飛技術陣がかならず玉成に漕ぎつけてくれたに違いない。機首に四梃を装備予定の、五式三〇ミリ機銃はすでに実用品だった。

「あと一年早かったなら」は、活動しきれなかった兵器を惜しむ常套句だ。これを

「震電」に当てはめてみたらどうだろう。

昭和十八年六月の試作開始なら、空襲に災いされることなく十九年の春には試作一号機が完成。年末までに各部を改修し、それを製作中の増加試作機に盛りこんで、二十年晩春に横須賀航空隊の審査部が性能テストを、ついで横空第一飛行隊が実用テストを開始する。

群れなす米戦闘機P－51D「マスタング」を振りきって、四機編隊の試製「震電改」が、超重爆B－29に「スーパーフォートレス」三〇ミリ機関砲四梃からの集束弾を浴びせる機会があって不思議はない。

ハ四三に関しては十九年春に生産のメドが立ち、晩秋から量産にかかっているから、機体のスケジュールに合わせられた。ただジェット化は、この機の外形から当然ながら単発形式であり、唯一実在した静止推力四八〇キロのネ二〇よりも、ずっと強力なエンジンが必要で、それはまず望めない状況だった。

少し興奮がすぎたかも知れない。軍航空史に取り組む者として、好都合な仮定をならべて悦に入るのは、やはり許されない逸脱だ。だが敢えてそれを想像してしまうほど、印象深い取材だったのである。

〈追補〉

この記事を月刊誌に掲載ののち、知人から「『震電』の動力にハ四五／『誉（ほまれ）』が予定されていた、という説があるが本当か」と質問された。もちろん初耳で、かつて取材した九飛技術者のどなたからも聞いたことがない。また、九飛が作製した取り扱い説明書試案や、製作用青焼図面に記入されているのは、ハ四三だけなのだ。

ハ四五説は、実用度不明のハ四三にくらべ、海軍が多用して実績がある同じ一八気筒の「誉」を、代替エンジンに採り上げたのでは、との推測が独り歩きしてしまったものではなかろうか。

ともあれ念のために、新たにご面識を得た「震電」動力艤装班の二方に、ハ四五の採用について書簡でうかがってみた。以下はその返信の一部である。

「J7のエンジンをハ四五に変更する話は初耳です。まったくありません。ハ四五は前面面積が小さく、〔エンテ型でも〕取り付け位置によっては機体の抵抗は減りますが、それよりも出力が小さくなるマイナスのほうが重大なので、換装する意味がないのです」が倉持さんの記述。

西村さんからの葉書はご息女の代筆で「お尋ねの件は『聞いていない』と申しております」とあった。氏は体調を崩され臥（ふ）せっておられた。だが、この短い伝言で充分だった。

両氏の明確な回答により、ハ四五装備予定説は完全な虚偽と判明し、知人をすみやかに納得させられた。

夜空の関門(かんもん)、夜空の東京

――B－29が来襲した全期間を継続出撃

昭和十九年（一九四四年）六月に始まって敗戦まで続いた、ボーイングB－29による昼夜間を問わない日本本土への空襲。連日のようにくり返された超重爆の攻勢のうちで、ごく強い印象をもたらした夜間来襲が二回ある。

一回は十九年六月十五～十六日の夜間、戦略物資の鉄の供給を断つため、八幡製鉄所を中心に汎用(はんよう)爆弾で施設の破壊を試みた、内地への初爆撃である。二回目は九ヵ月後、ねらいを物から人命に変更して市街を焼夷弾で焼きつくした、二十年三月十日未明の東京・下町への無差別空襲をさす。

時期と規模、攻撃目標が異なる超重爆の二度の侵入を、迎え撃って撃墜あるいは撃破の戦功を掲げえた「屠龍」の操縦者は、佐々(さっさ)利夫大尉ただ一人と思う。彼は二つの空でいかに戦い、なにを考えたのだろうか。

航士校→明野飛校→複戦乗り

歩兵を主体に、砲兵、工兵などに六種に分かれた陸軍将兵の兵科のうちで、航空兵は異端の存在だった。地上で受ける教育と訓練を主体にしないからだ。陸軍をリードする現役将校を生む士官学校から、航空兵科だけの士官学校分校が十二年十月に作られ、翌十三年十二月に航空士官学校の名で独立したのは、当然の変化と言えよう。

分校での教育は第五十期士官候補生（陸士と陸航士の期数は共通）の途中から始まり、五十四期生からは航士校で全教育を受けている。十六年三月に卒業した第五十四期航空士官候補生三九五名のうち、操縦は二九八名でいちばん多い。分科（搭乗機種）の最多は重爆の九〇名で、これに次ぐのが戦闘分科の八二名だ。

卒業翌日に少尉に任官して、戦闘分科は明野飛行学校で九七式戦闘機の戦技教育を受ける。編隊、特殊飛行、射撃などを訓練し、一人前の操縦者をめざす乙種学生（乙学と略す）だ。彼らのなかに佐々少尉がいた。

単機格闘戦を追求する陸軍戦闘隊（海軍も同目的）の基盤は、明野飛校によって形成された。十四年五〜九月のノモンハン事件。その後半、ソ連空軍の編隊一撃離脱に悩まされたのちも、運動性重視の軽戦闘機への傾倒が続く。

佐々少尉ら五十四期出身者が訓練にはげむ十六年の夏、ドイツ空軍・第26戦闘航空団の中隊長で、撃墜経験をもつフリッツ・ロージヒカイト大尉が明野を訪れた。輸入したメッサーシュミットBf109E－7の運用指南が来日の本務で、編隊空戦の教示も兼ねていたのだ。彼が講堂で語ったのは、長機と僚機の二機がそれぞれ攻撃と掩護に任じる、連携機動の組（ロッテ）戦法で、ドイツ語が堪能な明野の校長・板花義一中将が通訳を務めた。

茨城県の高萩飛行場での基本操縦教育で、佐々利夫士官候補生が九五式または九七式戦闘機への搭乗を待つ。彼らがここで習うのは場周旋回まで。

二機と二機の四機で一個小隊を作るシュヴァルム戦法については、とくに言及しなかった。このため、十八年に入って旧来の三機から四機の小隊へと主流が変わるときも、ロッテ戦法の

飛行第四戦隊が昭和15年(1940年)の夏に、熊本県の菊池飛行場で使っていた九七戦。垂直尾翼の戦隊マークは黄色で、第三中隊の所属を表わす。

名が用いられる。

　編隊機動空戦の概念は理解できても、相手の後方につく格闘戦を練磨していた佐々少尉には、もうひとつピンと来なかった。使用機も軽戦のきわみと称しうる九七戦だから、連携の徹底と一撃離脱の感覚が身につかないのは当然である。

　乙学を終えて、十六年九月に着任したのは熊本県菊池の飛行第四戦隊。まもなくの十一月に台湾の屏東（へいとう）および基隆（きーるん）に移動し、開戦をはさんだ二ヵ月あまりを高雄入出港の船団の上空掩護に任じた。十月に入って進級した第一中隊付・佐々中尉にとって初の作戦飛行だった。

　二式複座戦闘機への機種改変が始まったのは、第二中隊長の上田秀夫大尉らが川崎航空機・岐阜工場で一機（のちの甲）を受領した十七年八月だ。千葉県柏の飛行第五戦隊へ出向いて未修飛行をすませた第三中隊の樫出勇少尉らが、九月から隊員への伝習教育を始める。

九七戦とは対照的な双発重戦闘機は、四戦隊（および装備各部隊）の操縦者にあまり歓迎されなかった。鈍重で小回りが利かず、重戦というわりに最大時速五〇〇キロとさほど高速でもないから、格闘戦にも一撃離脱にも使いづらい。加えて、後ろに同乗者がいるのが精神的に負担を感じさせた。

双発ゆえにガス（スロットル）レバーも動力関係の計器類も二つずつ、降着装置は引き込み式なので、操縦操作の手数がそのぶん多い。機体操作は重いが、速度と機関砲三門の火力は九七戦を大幅にしのぐ。これらの感覚を得た佐々中尉は「火力とスピードが〔九七戦よりは〕上だから」と、敬遠感をもたなかった。現実を見て動く性格ゆえだろう。

失速特性は良好とは言えず、接地前に姿勢をくずす着陸失敗がめだった。そこでエンジンを切っての滑空着陸訓練をくり返し、低速での機位の保持になれさせると、慣熟と自信が各操縦者の身について、この種の事故は発生数を減じていった。

上向き砲を軽視しない

小月飛行場を基地として、一年あまりを二式複戦で演練にはげんできた四戦隊では十九年一月に幹部操縦者の顔ぶれと複数のポジションに変化がもたらされた。

原因は戦闘機戦隊への飛行隊編制の導入（部隊ごとに時期が異なる。四戦隊は一月二十四日）だ。各中隊に付随する機材保守の機付整備を、ひとまとめの整備隊とみなす。事故機材の始末から飛行場の管理まで、大がかりな支援作業を担当したこれまでの整備隊は、飛行場大隊へ移された。したがって三個中隊は空中勤務者（空勤と略す）だけの組織に変わり、まとめて飛行隊と称した。

新ポジションであるトップの飛行隊長が四〇～五〇機と空中勤務者を把握するのは大変なので、たいていの戦隊ではあらためて三分し、それぞれに固有名詞の隊名を付けたケースが多かった。四戦隊の場合はかんたんで、「中隊」を「隊」に変えただけ。第一隊、第二隊、第三隊のそれぞれの空勤メンバーは、中隊編制のときとおおむね同じだった。

新ポストである飛行隊長に任命されたのは、第一隊長を兼務する小林公二大尉。同期の上田大尉が独立飛行第二十三中隊長として十九日に転出したため、二期後輩の佐々大尉に第二隊長のポストが用意された。さらに戦隊長が黒田武文少佐から、もっぱら地上指揮の安部勇雄少佐に代わっている。

機材についても十八年末から十九年の春にかけて、三種類の火力強化型が加わった。

最初の二式複戦甲は、機首に一二・七ミリ機関砲ホ一〇三を二門付けていた。かわりに三七ミリ機関砲ホ二〇三を一門付けたのが丙。甲の操縦席後方に二五度の仰角でホ一〇三を二門加えた甲・丁装備（俗称）と、丙の同一位置に仰角三二度で二〇ミリ機関砲ホ五を二門付けた丙・丁装備（二式複戦丁用武装の意）だ。丁装備は重量過大ゆえに、各機とも胴体下に一門を共通装備の二〇ミリ機関砲ホ三が外されていた。

19年なかば、山口県小月飛行場の駐機場で、エンジン発動のため始動車が回転桿をスピナーの受金(うけがね)に近づける。第二隊長・佐々大尉用のこの二式複座戦闘機丙は、ホ二〇三 37 ミリ機関砲の砲身を機首から突き出した初期タイプ。

大型機を攻撃するのに、並行で飛びつつ追尾して、後下方から撃ち上げる甲および丙の丁装備機は、機動が単純で照準を合わせやすいから、練度がいまだしでも戦果につながらなくはない。砲の発射速度が七〇〇～八〇〇発／秒と大きいのも有利な点だ。

機首砲がホ二〇三の丙はこれらの逆だ。射程が短く初速が遅いから、どうしても対進（反航）攻撃をとらざるを得ず、射撃時間はごくわずか。加えて一秒に一〜二発しか発射できなくては、破壊力は大でも当てるのが困難である。

夜間をこなせる高練度、技倆甲の操縦者が他部隊よりも多い四戦隊では、丙による正面攻撃（胴体下の二〇ミリ・ホ三も併用）が主戦法とみなされた。昼間に限定の技倆乙だと、上向き砲攻撃を用いる訓練にいそしんだ。つまり丙に乗るのが熟練者の証であり、誇りでもあった。

問題なく技倆甲だが、上向き砲の有効性を理解した佐々大尉は、丁装備機の夜間テストにかかった。複戦が引く曳航標的の吹き流しの後端部に、豆ランプを付けて目視を容易にする。照空中隊と打ち合わせて照空灯の光芒による捕捉を頼み、「とにかく、やってみろ」と第二隊の空勤が搭乗する複戦を送り出した。きわどい操舵を要さず、難度が低い上向き砲攻撃を「情けない」と評する声が交わされたが、「効果こそ第一」だから彼は意に介さなかった。

天蓋（可動風防）合成樹脂ガラスの上部についた照準環でねらう。吹き流しの後下方からの上向き砲弾は、すべてが当たっていた。予想を超える命中率に、「射撃そのものの訓練は要らん」と決めた大尉は以後、「当てる」よりも難しい、接敵占位の練度向上をめざした。

十九年なかばの複戦可動機は、甲と丙を合わせて保有三五機中の二五機。このうち八機が緊急出動の警急中隊用とされ、いずれも上向き砲を付けていた。警急中隊は四機ずつの二個小隊に分けられて、空勤は輪番制だった。

守るべき中心は、八幡製鉄所が中心の倉幡（くらはた）（小倉、八幡）地区と関門海峡である。

内地で初のB－29邀撃戦

六月十五～十六日の夜間は、小林飛行隊長と佐々第二隊長が警急指揮の担当にあたっていた。十五日の早朝から米軍がマリアナ諸島サイパン島に上陸を始めたため、夜間防空専任部隊の四戦隊にはふだんに増して待機の緊張感があった。

戦隊本部の施設内の待機所は二階建てで、二階は米重爆の三面図や写真、要目表などが置かれた情報室、階下が空勤の待機所（ピスト）だ。佐々大尉は階下の飛行場に近い一室で、仮眠をとっていた。同じ小月飛行場に置かれた上部組織の第十九飛行団司令部に、十五日の午後十一時半、いきなり済州島のレーダーから「彼我（ひが）不明機、東進中」の緊急電が入ってきた。

以後、不明機の北九州への接近が刻々（こっこく）と伝えられ、十六日の零時二十四分に西部軍司令部は空襲警報を発令。「空襲警報」「警急中隊出動」の声が拡声器（スピーカー）からひびいて、

6月15日、成都近郊の前進飛行場から、夜の八幡製鉄所をめざす第468爆撃航空群・第794飛行隊のB－29。手前エンジンの機が福岡県折尾に落ち、中に撮影フィルムがあった。

とび起きた佐々大尉は急いで飛行服をまとい、飛行場へ向かって走り出す。

駐機場に四機ずつ複戦がならび、機上の整備兵がすでにエンジンの始動を進めていた。すぐに搭乗し、まっ先に発進にかかろうとしたが、後方席に座る同乗者が現われない。事前の情報は伝わっておらず、初の実戦出動への動揺と、暗い夜間で視野が狭くて見分けにくく、ウロウロ捜しまわっていたらしい。

操縦・偵察の立場が五分五分の海軍と違って、陸軍の同乗者は階級が下位で指揮権はない。二式複戦の対重爆戦での必須任務は、胴体下の二〇ミリ・ホ三の五〇発弾倉交換だけだが、夜戦仕様機はホ三を外してある。大尉は武装係を呼んで、上向き砲の装弾を確認させると、そのまま出発線へ滑走し、北の山側へ向けて離陸、左旋回にかかった。

佐々隊四機の指定高度は、小林隊よりも一〇〇〇メートル高い八〇〇〇メートル。

月のない星空だが、水平線は分かる。灯火管制で地表は黒一色。僚機の機影は見えず、単独飛行でカンを頼りに東の関門海峡方向へ向かう。関門上空は誤射防止のため、戦闘機の進入が禁じられていて、やや東が待機空域の指定だった。

無線は入れっぱなしにしてある。上昇中に、初めて聞く軽快な音楽が入った。夜の放送はないから、米側のものに間違いない。「これは、今日は本物が来るかも知れんぞ」と思ううちに曲は短時間で切れた。

旋回待機を続けるあいだに、照空灯の光が立ち上がって、西から八幡方向に飛来する一機を捕らえた。「ひなぎく、アカ発見」を送信する。ひなぎくは佐々機の無線符号、アカは敵機の符丁だ。だいぶ下方の不明機へ向けて、佐々機は降下を開始。激しく撃ち始めた高射機関砲の曳光弾が、花火のように噴き上げる。

敵機を初めて見ても、鼓動の早さを覚えない。緊急時にも感情の急変をともなわないのが、彼の生来の特質なのだ。邀撃戦に関しては、もちろん長所と言える。

八幡製鉄の付近へ投弾した敵は、対空火網に驚いたのか右旋回に移った。上向き砲攻撃に決めて距離を詰めた佐々機は、降下の加速があったのに引き離され、灯の光芒をふり切った敵を見失った。相手は投弾後だから、軽くて高速を出せる。「こんなに速いとは！」。大尉の重爆に対する性能概念はうらぎられた。

その後も敵機は、待機空域の手前で右（対進する佐々機からみれば左）へ離脱していく。第二隊の木村定光准尉、第三隊の樫出勇中尉が撃墜を果たせたのは、関門上空に入っての、三七ミリ・ホ二〇三による正面攻撃ゆえとも見なし得るだろう。

不許可空域と敵速にはばまれて何度か取り逃がしたのち、なんとか後下方に占位できた。敵の青い曳光弾がパラパラ来る。二〇ミリ・ホ五上向き砲で、翼根付近へ短く数連射をかける。もっと近づいて強打を与えたいが、速度差がない。そのうちに右翼内側エンジンから炎の塊（かたまり）が出た。

手負いの敵機は、高度を下げつつ照射圏外へ遠ざかる。

撃墜後の不時着水

戦闘は午前三時半まで、二時間あまりも続く。胴体タンクがない上向き砲機の燃料の少なさから、佐々大尉は飛行場にもどって別機に乗り換え、夜空へ再出動。敵と誤認されて照射を受け、弾片で無線アンテナ柱を折られる味方撃ちに遭（あ）った。

複戦による戦果は、撃墜七機（うち不確実三機）、撃破四機。出撃各機の状況を調べると、大尉がエンジンを発火させたのが、四戦隊による最初の一撃である。彼は撃破と判断したが、みずからも一機を落とした小林飛行隊長が不確実撃墜に格上げした。

第20航空軍の損失機数（五機と事故の二機）が傍受で分かり、「やっぱり落ちていたよ」と小林大尉は語りかけた。

敵重爆が「B－24にしては速すぎる」との佐々中隊長の認識は正しかった。八幡に近い折尾（おりお）に木村定光准尉が墜とした機のステンシルに「B－29」の文字があって、ボーイングB－29との決定がなされた。またこの残骸の中に、八幡製鉄所へ向かう僚機（第794爆撃飛行隊）を撮った一連のフィルムが見つかり、機の形状や銃塔の位置を確認できた。佐々大尉がその実体を視認するのは、二ヵ月ののちである。

第20航空軍の第58爆撃航空団はこの初空襲をふくめて、九州に三回の夜間空襲をかけ、いずれも効果を得られなかった。そこで八月二十日には昼間爆撃に変更して、ふたたび八幡をめざす。

四戦隊ではかつての二個小隊八機が警急姿勢だったのを、一個隊（旧一個中隊）全体をあてる方式に変えていた。二十日の第二隊は出撃任務から外れていたが、午後四時半の空襲警報発令で即時出動に切り替わった。

第二隊の整備隊員は遊泳に出かけて作業がおくれ、速（すみ）やかな発進ができない。格納庫前で二式複戦に乗りこんだ佐々大尉は、夕弾（空中散布弾）の装備を命じたがかなわず、他の二個隊のあとに続いて第二隊出動の先頭に立った。吉田定吉軍曹を同乗さ

八幡昼間空襲のさなかの8月20日午後5時半ごろ、第468爆撃航空群のB－29が運河状の洞海湾を眼下に飛行する。下方左寄りで激しく煙を上げるのが八幡製鉄所だ。

せた佐々機は高度七〇〇〇メートルから、さらに八〇〇〇メートルへ上昇する。

対空監視哨から「B－29は高度三〇〇〇メートルで東進中」と報告を受けて、第十二飛行師団司令部は在空の各部隊へデータを通報。すぐに降下を始めた佐々大尉は指定高度に達したけれども、敵影が見当たらない。上空へ目をやると、防空域に侵入するB－29編隊を認めた。

B－29の目視経験をもたない監視兵が、二まわり小さなB－17クラスの感覚で高度を読んでしまったのだ。高空にまだ残っていた部下の森本辰雄曹長は、この一戦で三機を落とし、感状を受けている。

ともかく上昇だ。やっと高度をかせぎ、同高度の三機編隊に向かい合う。飛来する青い曳光弾流の中を突進し、先頭のB－29に三七ミリと二〇ミリを撃ち放って、敵の胴体下スレスレを後方に飛び抜けた。当たれば高威力の三七ミリ弾は一発撃てただけ。すぐ前に敵の僚機がいた。これにも同様の攻撃を加え、すぐにふり返ると両方の機から黒煙が噴き出すのを確認できた。燃料系統を壊せたのか。「こりゃ落とせるかも知れんぞ」。もう一撃をかけようと、前方へ出るため全速で同航する。後方席の吉田軍曹が七・九二ミリの九八式旋回機関銃を放っていた。効果がなかろうと、敵を撃たずにはいられない。

佐々機が次の射撃に移りかけるときだ。上方から五十九戦隊の三式戦が二機降ってきて、一連射を加える。「あいつら、来なきゃいいのに」。落とせるであろう敵機を、横取りされた気分だった。

二機目の敵がしだいに太く黒煙を引いて、西へ向かう。壱岐島の手前の空域で、機内から落下傘が放出された。続いて現われる傘(さん)を合わせると一〇個だ。B－29の乗員は一一名と聞いていた佐々大尉は「操縦者は燃える機を飛ばしているんだな」と感慨を抱いた。島の上空で、超重爆は空中に四散した。

上昇旋回に移った複戦の片発から滑油がもれ、白煙に変わった。発火の前にエンジンを切って、片発での水平飛行は無理だから、後ろの軍曹に「着水する。準備しておけよ」と伝えて佐賀県呼子(よぶこ)沖に不時着水。すぐに機首が海没して尾部が上がり、逆立

千葉県松戸飛行場の一角で学鷲少尉たちに、飛行隊長兼さざなみ隊長の佐々大尉が戦闘時の機動を教示する。黒眼鏡の大尉が風よけシートの中なのに居ならぶ面々が外に立つのは、報道撮影中のリハーサルゆえだ。

ち状態をなした。

しかし、泳ぎが不得手な吉田軍曹は姿を消した。伝声管が付いた飛行帽を脱いで沈む機から脱出した大尉は、やがて漁船に引き上げられ、軍曹を捜させたけれども見つからなかった。

「いまごろ雪が?」

かつての第二中隊長で、二式複戦の導入役を務めた上田少佐(進級後)は、第十飛行師団司令部の隷下(れいか)で新編の複戦部隊、飛行第五十三戦隊の育成にはげんだが、十二月初めに転出した。かつての四戦隊長で、上田少佐と後任・佐々大尉が手がけた第二中隊/第二隊の錬度向上を知る、十飛師参謀長の岡本修一中佐が「上田が出たなら佐々を呼べ」と命じて、大尉は四戦隊から引き抜かれる。

ほとんどゼロから夜間専任部隊を作りつつあった上田少佐の任を継いで、飛行隊長兼さざなみ隊長に任命された。第三中隊を示すさざなみ隊は、大尉が選んだ根岸延次軍曹ら助教役操縦者三名のほかは、訓練が主体の錬成隊だ。つまり佐々大尉は、実戦と訓練の両方の指揮をとる。

翌二十年の三月九日、千葉県北東部の松戸飛行場で飛行訓練を終え、将校宿舎に帰ったのは十日に移ろうとする深夜だった。まもなくの零時八分に突然、東京・東部地区への空襲が始まり、空襲警報が発令されたのは七分後。夜間専任部隊の五十三戦隊は、警急姿勢にあった練度が高めのまつうら隊（一中隊）から出動していく。

転属してきて初めての夜間空襲だ。佐々大尉は待機所で機付整備兵への出動準備を指示ののち、助教三名に出動を命じると、後方席に塩田堅一少尉をのせた丙型丁装備機で滑走路へ向かった。離陸して、左旋回。炎上し煙に包まれる、東京東部の上空へ。

市街地は火の海で、煙雲が層状にかさなって上昇がかなわない。大尉がいったん東京湾上に脱し、高度を二〇〇〇メートルまで上げたとき、照空灯の照射を受けたB－29一機が湾岸寄りを向かってきた。うまく後下方について、上向き砲の射程内まで間合を詰めた。

二〇ミリ榴弾があいつぎ炸裂、敵の外板に火花が散る。徹甲弾も当たっているはずだ。だが、濃い煙が空間をおおって超重爆の機影を隠し、致命傷を与える前に光芒の

20年3月10日の未明、茨城県板橋村の山林中に撃墜された第19爆撃航空群・第3爆撃飛行隊のB－29。近場の陸海軍隊員たちが見学に訪れた。

圏外へ逃げられてしまった。このあとの会敵では、確たる占位はできなかった。制限条件が多い倉幡および関門にくらべ、交戦可能空域はずっと広いが、火事の煙は想定外だった。

松戸飛行場上空にもどって、着陸のため左翼の前照灯を点ける。光の中でおびただしいボタン雪が舞っていて、「いまごろ雪が降るとは?」と佐々大尉を訝らせた。東京の下町が焼ける上昇気流で東にながされた、おびただしい紙くずや灰が正体で、朝を迎えた飛行場一面をおおっていた。

B－29二七九機からの焼夷弾で都民八万三〇〇〇人が死亡し、全焼は二六万戸。撃墜一五機のほとんどを五十三戦隊が果たしたから、複戦部隊の存在価値はひときわ高まった。

特別操縦見習士官出身の学鷲少尉、第十二〜十三期少年飛行兵出身の伍長といったクラスの訓練に拍車をかけて、夜間出動を可能にしたため、佐々大尉直率のさざなみ隊は実戦中隊のかたちを成してきた。

春まだ浅い関東平野の上空を編隊歩行中の二式複戦丁または丙・丁装備。手前の25号機が佐々大尉の乗機で同乗者は不在だ。前方席天蓋(風防)の後ろに20ミリ上向き砲が見える。

その後B－29部隊の元締め・第20航空軍は、主戦法を航空工業への高高度精密爆撃にもどしたが、二月なかばに東京、川崎に対し低高度焼夷弾空襲を復活させた。まず十三〜十四日の夜間に東京・赤羽兵器廠が三二七機からの投弾に襲われた。

続いて十五〜十六日の深夜ほぼ同時に、川崎が第73爆撃航空団の一九四機、東京が第313と314爆撃航空軍の三二七機が焼夷弾を浴びせかける。

「対進攻撃、後下方攻撃」

四月十五〜十六日の夜の警急担当は、やっと一〇機ほどにまで戦力が増していた、さざなみ隊だった。伊豆半島を北上し富士山上空から東進してくるＢ－29群の情報が逐次入るというのに、十飛師司令部からの出動命令が出されない。

東京市街地の南部への空襲が始まった。ようやく命令が出ると、待ちかねた佐々大尉は始動を命じて二式複戦の機内に入り、ざっとチェックをすませた。風向きを無視して待機位置から離陸滑走を始め、風を受けないまま鈍い感じで浮き上がった。

僚機の藤井奎治（けいじ）伍長ががんばってついてくる。四戦隊の空対空特攻隊員だったのを、大尉が松戸へ来るときいっしょに転属させたのだ。「体当たりできる位置なら、三七ミリ弾で墜とせる」が、特攻反対の大尉の持論だった。

4月15～16日の夜には無線のプロ・笹子博軍曹が後方席に同乗した。彼は五十三戦隊での佐々大尉の確実撃墜を少なくとも3機と証言している。

五十三戦隊での飛行隊長の無線符号は「オクヤマ」。この夜、後方席でそれを戦隊本部へ伝えるのは、少飛で藤井伍長の二期先輩の笹子博軍曹だ。水戸飛行学校で空中および地上通信の教育を受け、飛行第二十三戦隊付で十九年十二月に硫黄島に進出、地上で激しい爆撃と艦砲射撃を一ヵ月のあいだ味わった。帰還後、空中勤務の希望が容れられ、無線のプロとして五十三戦隊に転属する。

笹子軍曹は佐々飛行隊長の統率と技倆を、的確に察知した。「無口で温厚。部下を叱らない、いい人だ」。着陸を見なれれば腕のほどを知れる。佐々機の降着は達者そのものだった。

東京方向へ旋回した佐々機は、ハ一〇二エンジンを出力全開のまま上昇続行。伝声管から聞こえる「お前が戦果確認しなきゃ、俺は〔撃墜したとは〕言わないよ」の声に、軍曹は誤らぬ視認を決意する。

灯火管制がなされた暗闇の市街上空に、照空灯の光芒が走った。交差した二本に浮かび出た敵影は、方位がずれ距離も遠い。B-29による目標指示の弾着が、かがやく帯をなす。その後方に見えたB-29は正面やや上方の好位置だ。高度三五〇〇メートルへゆるく上昇しつつ「おくやま、敵機発見」を送話して、前上方から浅い降下角での対進攻撃。至近距離で三七ミリ弾を放ち、右翼内側に命中の光を一瞬見て、胴体下をこするように抜けていく。

命中箇所の第三エンジンから発火した敵は、大きな螺旋（らせん）を描いて降下し、火災前の

東京上空で被弾損傷し、4月16日の朝に2発のエンジンで硫黄島に達した第500爆撃航空群・第882爆撃飛行隊のB－29。

漆黒の地面に落ちて、燃え上がる爆発炎が輝いた。「オクヤマ、一機撃墜！」。佐々大尉に代わって、同乗の軍曹が戦隊本部へ通報する。

時間の経過につれて、光芒内のB－29が数を増す。敵機数および味方機との交錯が増してきて、確実な前方攻撃への占位がかなわない。煙が視界をはばみ出したなかでホ二〇三攻撃をくり返し、全一五発を撃ち終えた。この間に笹子軍曹は、乗機と敵のあいだを飛び抜ける二式戦を目撃した。

せまい空間で有効弾を得られるのが上向き砲だ。ひねりながら降下すると、B－29の後下方にピタリともぐりこむ。その機動と技倆に、軍曹は驚き感嘆した。距離は五〇メートルほどか、蛇行で追尾し、左翼のエンジン下について右翼下面まで撃ち流して離脱。後方席からは全弾命中に思えた。発火は見えるが、短時間で消えてしまう。

超重爆を一機でも多く傷つけようと、後方への接敵を続行。ねらうB－29に先客の夜戦が取り付き、発火させる瞬間を目撃する。味方二機にかかられて、火ダルマで落ちるのも見た。後ろから乗機を撃たれて後方席でふり返ると、「月光」らしい機影が飛んでいた。

タキ一五が役立った

ホ五の二〇ミリ弾がつきるまで戦い続けて、帰還にかかる。市街地からの煙に、松戸地域に特有の海霧がかぶさって、飛行場の所在をつかめない。「方探（方向探知器）でやりますか？」と笹子軍曹が問う。佐々大尉は「帰方位、知らせ」と送話すると、航測隊から飛行場が複戦から何度の位置にあるかを通知してきた。

味方識別（ＩＦＦ）と友軍機へのコース指示を受けもつ、電波誘導機タチ一三（地上装置）が松戸に設置してある。それが発信する特定パルスを、二式複戦に積まれたタキ一五（機上装置）が受けて、反射波すなわち応答電波を出す。受信したタチ一三がこれを方位と距離に変えて、五十三戦隊の戦隊本部に伝えると、通信兵が該当機に無線送話するシステムだ。ただし対単機用で、有効距離は一五〇キロ以上あった。

タキ一五を優先配備された五十三戦隊では、編隊長以上の幹部の機に積んで、胴体下に長さ五〇センチ前後のアンテナを取り付けた。当然、佐々機にも装備されている。

加えて同機の後方席には、送話伝達が不要な試作途上の進行方向計が付いていて、〇〇方位の度数と距離五〇キロが表示された。

指示どおり飛んだが、視界不良で松戸飛行場の灯火が分からない。まもなく指示方位が逆を指した。飛行場を航過したのだ。Uターンせずにそのまま北東へ飛んで、北東方向の柏飛行場にいたり、翼灯を光らせて着陸した。

笹子軍曹は上向き砲攻撃によって、B－29が後方へ墜落するのを確認していた。

「大尉殿、もう一機が落ちるのを見ましたよ」と伝えたところ、佐々隊長は笑顔で「そうか」と応じて、納得したようすだった。


タチ一三／タキ一五は単機の連携システムで東芝製。複数機を誘導するタチ二八／タキ三〇は三菱電機などで、試作が進められていた。

タキ一五装備の五十三戦隊機は、きたるべき本土決戦時に、夜間の特攻攻撃に使われる予定が立っていた。地上のタチ一三の指示を受けて、特攻機編隊を上陸部隊まで誘導する役目である。

佐々大尉は自分がタキ機を操縦すると自覚していたが、ついにその夜はやってこなかった。

重爆教官から邀撃指揮官へ

——コース変更者は激戦を飛んだ

昭和十八年（一九四三年）後半から部隊に着任した第五十五期航空士官候補生の出身者たち。米軍の威力が日ましに高まるなかで実戦のキャリアを重ね、敗戦時には中隊付先任将校～中隊長クラスのポジションを得ていた。

戦況の変化、戦力差の拡大に身をもって応じ続け、戦闘隊指揮官としての存在価値を高めていく。質と量の差にひるまなかった彼らの一人、永末昇さんとの対談を紹介したい。

戦闘機に変わってみると

渡辺「昭和十七年三月に航空士官学校を卒業して、乙種学生（実用機の教程）は戦闘

航空士官学校を卒業前に操縦分科（機種）が決まる。練習機を終えた55期生は該当機種に搭乗して、乙種学生の〝予行演習〟を航士校で体験した。重爆分科は九七式一型重爆撃機を用い、左側に生徒、右側に教官が座っている。

機の明野〔飛行学校〕ですか？」

永末「いや、私は転科なんです。もともと重爆分科だったから浜松〔飛行学校〕でした。機材は九七〔式〕重〔爆撃機〕の一型と二型で六ヵ月」

渡「浜松を卒業して重爆戦隊へ？」

永「ところが〔浜飛校を〕出る三日前に、私とあと二名が『教官に残れ』と言われました。〔飛行第〕九十八戦隊付の予定でしたけど、教官適任証をもらっていましたから」

渡「あらためて教官用の訓練ですか」

永「乙学では左側の主操席に座りますが、教官教育時は右の副操席で習います」

渡「教官にとっての指定席ですね」

永「五十五期から図版を使う海軍流の航法を取り入れたんです。よく勉強しましたよ。

六分儀や天測時計を持って、航空の参謀たちを九七重で東部ニューギニアへ連れていったり。十八年四月から九月まで〔後輩の〕五十六期に教えました。途中で甲学〔甲種学生。指揮官要員〕の面倒もみた。学生全員が私より先任だから、中尉でも〔下士官の〕助教なみに扱われる（笑）。爆装機の正操縦席で、浜松〜潮岬の対潜哨戒もやりました」

渡「五十五期からは〔航士校卒業時に〕戦闘分科の人数が増えたそうですね」

永「そうそう、途中で二倍以上（六〇人から一四〇人へ）に増加していた。まだ足りないからと、重爆教官にも転科の割当てが来て、指名を受け十一月に明野行きです」

渡「明野は本校で？　それとも」

永「北伊勢分校でした。まず九七戦を未修〔訓練〕（操縦訓練）です。操縦しやすくて、じきに慣れ、二期上の古参大尉の人と低位戦、高位戦のくり返し。それから機動空戦で、これは基本形をおぼえてから、動きを変えていきます」

渡「それから編隊でのロッテ戦法？」

永「はい。初めから〔小隊が〕二機、二機のロッテでやった。重爆は基本的に編隊飛行ですから、僚機がいる点だけはなじんでいます。編隊の意義と目的、動きはまったく違うけれども。夜間飛行も同じで、初体験の怯（おび）えはありません。しかし全体に、反転急降下、急横転などの機動や特殊飛行が入らない重爆とは別ものの演習だから、やはり緊張し続けますね」

渡「なじんできた計器飛行は有利でしょう」

永「これはそのとおりです。恐さがないから舵を適切に使える。ほかに、重爆の密集編隊での精密爆撃は、投弾時に機をすべらしてはいけません。これが身についているんで、射撃訓練ではよく当たりました」

渡「戦闘法、戦術などの理論は？」

永「戦闘規範（規則、規準）をふくめて、身につける努力を続けました。陸大（陸軍大学）で研究したかった。じき、それどころじゃなくなりましたが」

新戦隊で新人教育

渡「明野の分校では九七戦だけでしたか」

永「それと一式戦を少し。十九年三月のうちに終わって、こんどは本校で三式戦の未修（教育）です。離着陸と基本的な空中操作だけ一〇時間たらず。馬力の余裕がないから上昇力が弱くて、少し機首を上げるとてきめんに速度が落ちました」

渡「〔三式戦部隊の飛行第〕五十六戦隊への赴任が決まっていたんですね」

永「そうです。三月下旬に五ヵ月弱の転科教育を終えて、伊丹飛行場に着任したのが四月上旬。重爆のときに飛行時間が多かったから、すぐに中隊長要員の指名を受けました」

三式一型戦闘機乙が置かれた明野本校の飛行場。遠方に一式二型戦闘機がならんでいる。戦闘隊将校操縦者のふるさとだ。

渡「五十六戦隊は十九年三月下旬に編成開始ですから、部隊がちょうどできたてのとき」

永「初めから新方式の飛行隊編制を採っていました。古川〔治良（はるよし）〕戦隊長の下に、新しい職の飛行隊長を置いて、操縦者全体の管轄にあたる。これまでの中隊長三名は戦隊付の先任将校に変わりますが、空中ではこれまでの中隊長と同じ立場で十数機ずつをリードするんです。整備も中隊に付属していたのが、整備隊にまとまった」

渡「飛行隊編制は戦隊ごとに、内容が少しずつ異なりますね」

永「五十六戦隊では早い話が、飛行隊長は副戦隊長格、中隊長は作戦飛行中だけの役目です。先任の緒方〔醇一〕大尉が飛行隊長と一中隊長、二中隊長は岩下〔敏二〕大尉、三中隊長が中尉の私でした」
渡「訓練はどうやって？」
永「着任前後にいた操縦者は二三人で、たいてい三式戦の経験がない。『支援機材や修理が不充分な伊丹よりも明野へ行こう』と戦隊長に言われて、技倆甲（昼夜間とも作戦飛行が可能）と乙（昼間だけ）のメンバーで出向きました」
渡「三式戦を未修して、操縦者に好評でしたか」
永「いや戦隊長をはじめ、みな液冷機の重さを感じていました、特に上昇時に。突っこみは利きますが。戦闘機動はロッテが主で、まず二対二、つぎに四対四。八対八も少し試したんですけど、一二対一二は未経験。というよりやれなかった。三式戦の数がなかったし、技倆不足や無線機での疎通不足で、編隊を維持できません」
渡「機の呼び方は？」
永「私は『三式戦』です。『飛燕』とは言わなかった。
　伊丹に帰って七月末か八月の初めに、特操（第一期特別操縦見習士官。海軍の飛行予備学生に該当）の見習士官と十三期の少年飛行兵（見習士官と兵長。それぞれ十月に少尉、十二月に伍長に任官して参戦可能に）が来たんで、先任将校の涌井〔俊郎〕中尉を助手にして、操縦教育を担当しました」
渡「三式戦を使ったんですか」
永「九七戦も不充分な彼らに、それは無理です。高練〔九九式高等練習機〕を一機と、一式戦の一型、二型を一〇機。教育プランを戦隊長に出したら、三分の二の期間で仕上げよと言われました。『〔飛行機を〕壊しますよ』『壊していい』と許可をもらって、『やりましょう』と」
渡「どんな訓練を？」
永「まず高練の離着陸をやらせ、腕の順に四つのグループに分けて、次々に離着陸を進める。場周旋回は四角形〔のコース〕を三角形に略して、一回の飛行時間を五～六分に短縮です。同乗二時間でずいぶん疲労するから、涌井と交代します」
渡「教育飛行隊のおさらいですね」
永「そうです。習得不足なんですよ。高練で単独〔飛行〕のあと一式戦へ移行し、それから三式戦

大阪・兵庫にまたがる伊丹飛行場で、三式戦をバックに操縦者が整列し、挙手の姿勢をとる。左手前は戦隊長・古川治良少佐、向き合うのが永末昇大尉。報道用に写された写真だ。

にかかる。まだ空襲がなくて、時間をとれたのが幸いでした」

編隊空戦はこのときだけ

渡「五十六戦隊は八月に、B-29の防空で西へ移動しますね」

永「ああ防空戦策ですね。二十日に博多が空襲されたので、応援で〔福岡県〕大刀洗へ移動しました。月末には敵の往復途上を襲うため、済州島に進出。十月〔二十五日〕に戦隊は初めて交戦し、撃墜破を果たしたんです」

渡「このとき永末さんは？」

永「ずっと伊丹です。所要や相談で古川少佐、緒方大尉に会うため出向いただけで、空戦はしていません。途中で涌井が済州島へ出たあとは、特操の技倆のいい者に手伝わせた」

渡「それなら、永末さんが戦ったのはマリアナから来たB-29ですね。乗機は一型の……」

永「伊丹で最初に使ったのは一三ミリ〔(正確には一二・七ミリ) 機関砲〕が四門のやつ（乙）です。少ししてマウザー〔砲（MG151／20）装備機〕をもらい、これで出撃しました」

伊丹の舗装駐機場で整備兵が三式戦に燃料を入れる。手前の機が主翼前縁からマウザー20ミリの砲身を出した一型丙、向こうが胴体砲を国産のホ五20ミリにした一型丁。

渡「一型丙ですか。高高度訓練は？」
永「新人教育にかかる前、十九年の中ごろに、酸素マスクを付けて高度六五〇〇メートルまで上がってみました。戦闘隊では当時、このあたりでも高空、高高度だったんです。よもや一万メートルで来るとは思わなかった。一〇〇〇メートル上空からの前上方攻撃を考えていましたから」
渡「主翼に付けた二〇ミリ・マウザー砲にくらべ、機首を長くして二〇ミリ機関砲（ホ五）を積んだ一型丁はどうでしょう。一型改とも呼ばれましたが」
永「マウザーのあと、本隊が九州へ出ている九月にもらいましたよ。まず私が乗って、皆にポイントを伝えました。胴体砲が二〇ミリに替わり、機首が伸びたほかは、特に構造面での変化はなく、飛行性能が若干落ちた。特に上昇がにぶいんで、マウザー機の方が好みでした」

三式戦一型丁と第二中隊長・永末大尉。右は報道班員の永田記者。昭和20年3月に伊丹飛行場で写された。

渡「永末さんの初邀撃はいつですか」

永「本隊が大刀洗から帰ったあと、十二月十三日の名古屋空襲です。マウザー機に乗って」

渡「全B－29部隊を統括する第20航空軍の作戦記録では、九〇機のうち七一機が、目標の名古屋北部の三菱・名古屋発動機製作所（名発）を爆撃。平均の投弾高度は九〇〇〇メートルと記載されています」

永「戦隊としても初めての高高度戦闘だったから、上昇時間を覚えています。〔高度〕八〇〇〇メートル台前半まで三七～三八分、計器高度一〇〇〇〇メートルへは五二～五三分でした。空気が薄くて操舵感がない。機首上げ姿勢でやっと浮いているから、前が見えません。視界を得ようと蛇行すると、高度を失う」

渡「速度はどうですか」

永「偏西風があって、向きにもよります。ならせば一〇〇〇〇メートルで時速三〇〇キロほどでしょうか。八〇〇〇～八五〇〇で爆弾倉扉を開けたB－29から一・五キロ離れて、速度を競ってみた。ゆるく降下しつつ出力全開で時速五一〇キロ。これでやっと一時的に同速でした。すごい飛行機だ、と思いましたね」

渡「捕捉して、初交戦に入りました？」

永「はい。伊丹を離陸し、編組（出撃メンバー）の三機が上昇中に集まり、高度を取りつつ伊勢湾上空まで西進。一三ミリ、二〇ミリの順に試射してから、伊勢湾～知多半島の上空で名古屋上空に目をこらすと、陽光に光る敵編隊が見えました。浜名湖方面から入ってきたんです。後下方に高射砲の炸裂煙が見えるから、B－29に間違いない。こっちの高度は八六〇〇メートル。追いかけても捕捉できないんで、投弾後の敵が南下してくるのを待ち受けた」

渡「ロッテ〔戦法〕は対戦闘機用ですから、ここは単縦陣ですか」

永「そうです、前上方から。敵四機編隊の左位置（向かって右側）の機に、遠めの四〇〇～五〇〇メートルから四門斉射で撃ち始め、後側下方（ななめ下）へ飛び抜けました。離脱してふり返ると、僚機もうまく攻撃している」

渡「命中弾を得られましたか」

永「左翼の内側エンジンが白煙を間欠的に噴いたが、まもなく消えました。編隊での攻撃はこの一突進だけで、あとは単機行動。高空で編隊を維持しうる技倆がそろわないんです」

渡「古川さん（戦隊長）は十三日の戦果をゼロにしていますが、これは一機撃破ですね」

「お前か。見ていたぞ」

永「伊丹に帰ると機付の武装係が駆け寄って『二〇ミリ〔弾〕が出ていません！』と言う。マウザーは試射では問題なかったのに。そこで乗機を胴体砲が二〇ミリ（ホ五）の機（一型丁）に替え、翼の一三ミリは外しました。対爆〔撃機〕なら、なくてもいいから。軽量化で上昇力が上がります。〔第十一飛行〕師団〔司令部〕から砲二門と防盾（防弾鋼板）の除去を言ってきたのは、このあとです」

渡「二回目の名古屋空襲の十二月十八日は、取り替えた一型丁で？」

永「そうです。十三日と同じコースで来ると思って、同様の空域で九三〇〇〜九五〇〇メートルを飛んでいました。僚機は上昇が遅れて離れ、単機です。高高度の空間に一人でいると孤独感にさいなまれて、三〇分以上は耐えにくかった」

渡「無線による僚機との交信は？」

永「たいてい聴こえません。大きなマイナスです。敵の投弾前には間に合わず、前回と同様の空域で待機していると、Ｂ－29の小編隊が名古屋から南下してくる。四機編隊の進路をはばもうと向かいましたが、敵速が大きくて、好位置につくまでに逃げられそうです。早めの左旋回に入れたとき、前部上下の銃座〔銃塔〕が撃ってきた。

被弾はありません。〔高度が〕八〇〇〇メートル強に下がっていくらか動きやすい。やや接近不足だが敵の防御射撃につられるように、こんども〔向かって〕右の機へ二〇ミリ弾を放って、側下方へ離脱。黒煙を引くＢ－29が後落し、高度を下げていきます。追撃するには距離が開きすぎました」

渡「撃墜ですね」

永「帰還して、戦隊長に撃墜不確実を報告すると、『あれはお前か。見ていたぞ。確実〔撃墜〕だ』と言われました。豊橋沖の

19年12月18日の昼間空襲で、臨海地区の三菱・名古屋航空機製作所から爆炎が上がる。9000メートル前後の高高度からの投弾とは思えない精度の高さだ。

飛行隊長兼一中隊長の緒方醇一大尉は操縦技倆、人格ともに秀でた人物だった。20年3月17日に神戸上空で体当たり戦死をとげる。

島に残骸が落ちた、とあとの調査で分かった」

渡「〔のちに奮戦で感状を受けた〕鷲見さん〔忠夫曹長〕の談話でも『戦隊長はどこかで見ている』そうです」

永「（笑）鷲見君そう言いましたか」

渡「戦隊の空中指揮の変更は？」

永「緒方大尉が一中隊長で、私〔大尉。十二月に進級〕が二中隊長。二十年三月の神戸空襲（十七日未明）で緒方さんが体当たり戦死ののちは、転入の船越〔明〕大尉が飛行隊長だったが、弱体化した戦力を戦隊長と私が一隊ずつ率いました」

渡「この三月十六／十七日の神戸空襲と、その前の十三／十四日の大阪空襲は夜間ですが」

永「夜の空戦では私は有効な働きをしていません。大阪のときは一中隊が警急中隊で、戦隊長とわたしは食事をとろうとしていました。担当空域への大規模空襲と分かって、出動準備にかかりましたが、下降気流がひどくて離陸不能なんです。

神戸への来襲では十七日の未明に発進し、高度二〇〇〇メートルあたりで黒い敵影を認めましたが、大阪湾の上空だから照空灯の光がありません。〔B－29の外形を把握しきれず〕攻撃角度を決められないので、有効弾を得られないままでした」

航空審査部戦闘隊の熊谷彬技術大尉(右)は東北大学理学部を出たエンジニア・パイロットで、実戦部隊にこの三式戦二型の伝習教育を担当した。左は同窓・同任務の今村了技術大尉。

渡「三式戦二型は四月に導入されましたか」

永「はい。沖縄戦の関係で、主力が芦屋（福岡県）へ出ているときに。私は早めに帰って、審査部の学卒操縦者（熊谷彬技術大尉）から伝習を受けました」

渡「一型とくらべて、どうですか。高く買う操縦者が多いんですけど」

永「部下たちの感想はかなりよかった。上昇と速度の向上ですね。一型に特操〔の少尉〕を乗せて、私が二型で比較しました。出足（加速）と速度はいくらか二型がよく、水平飛行で時速六〇〇キロを出せました。上昇性能も少し上。ほかに邀撃時の航続性能は一型

6月1日、炎上する大阪への無差別焼夷弾空襲。画面の下部中央、B－29の右翼外側(第4)エンジンの後方に見える区画が堀に囲まれた大阪城だ。

の三時間に対して、二型は二時間の感じです。故障が多かったエンジンについては、二型（ハ一四〇）はまずまず。

総合的にみて大差はない、が私の評定ですが、どちらかをとるなら二型ですね。逐次きり替える予定でした」その前の

三式戦二型でも撃墜戦果

渡「二代目飛行隊長の船越大尉は五月十一日の神戸空襲で戦死です。次の隊長が永末さんですね」

永「ええ。戦隊長と私が一隊ずつを率いるかたちでした」

渡「二型での手応えある初空戦は？」

永「主力が伊丹に帰還してからまもなくの、大阪大空襲のときです」

渡「四五〇機以上が大阪に焼夷弾を落とした、六月一日の昼間爆撃ですね」

永「半年前にくらべれば、来襲高度がかなり下がってきていた（この日は五五〇〇～

八五〇〇メートル）んですが、かわりに硫黄島からP－51がついてくる。そこで一三ミリ砲と防盾を〔機体に〕もどしました」

渡「随伴のP－51は悪天候によって多数機（一四八機中二七機）を失い、護衛を遂行できませんでした」

永「それで機影がなかったのか……。B－29の最後の集団を捕捉したのは、紀伊半島の中央、十津川の手前です。四機編隊のうち遅れぎみの一機に、前上方攻撃でほぼ全弾を撃ちこむと、敵は旋回しつつ尾部銃を放ってきました。そのうちに黒煙を噴き出すとともに、旋回しながら脚を出し、落下傘が七つ出た。

下げていく敵機を追尾すると、河原（川迫川（こうせがわ）？）のあたりに突っこんで爆発煙がわきました。降下した敵乗員が捕まっていたようです。確実撃墜はこれが二機目（第869爆撃飛行隊所属機の状況に合致する）」

渡「航続時間が劣る二型でも、落下タンクなしですか」

永「付けません。〔来襲高度への〕上昇を急ぎますから。それにP－51がついてくるなら、〔抵抗が増えて〕じゃまなだけ」

渡「三式戦と言えば動力の故障があがります。永末機はどうでした？」

永「ところが、私は作戦飛行時の動力のトラブル、不具合の経験が一度もありません」

渡「それはむしろ珍しいですね」

永「武装の故障は二型で生じました。大阪のあと、神戸がやられたとき（六月五日）、最初に離陸してB－29を捕捉。発射ボタンを押したのに、反応なしです。出ないのを確認して伊丹にもどったら、吉川（精造）伍長機が先に降りている。あんまり早い帰還だから『攻撃したのか』と聞くと、遠距離で側方から全弾を撃ってもどってきたそうです」

渡「まさしく新人の戦闘に思えます」

三機目、四機目を同日に

渡「会心の攻撃はありましたか」

永「真っ当な編隊空戦は、ついにできなかった。負傷して最後の空戦にいたった六月二十六日もそうでした。

通常、五十六戦隊の守備範囲は岡山～浜松あたり（の空域）です。二十六日の朝九時ごろに、甲幹（甲種幹部候補生の転科出身。特操の原型）の少尉と伊丹を離陸しました。師団から『名古屋へ向かえ』の無線指示が出て、彼が随伴できるように抑えぎみに上昇したが、離れてしまった」

渡「十一飛師司令部からの空域指示は、航空総軍（四月に編成）が統率する制号作戦によるものですね」

永「そうなんです。邀撃戦力を重要空域に集中させようという……。名古屋をめざし生駒山（大阪の東）を越えて行くと、紀伊半島南端の潮岬から入ってきたB－29の集団が、高度四〇〇〇メートルあたりに見えます。鳴尾（川西航空機）か明石（川崎航空機）が目標でしょう。

あれっ名古屋じゃないぞ、と。このとき、師団が示す敵目標を疑い始めましたよ」

渡「第20航空軍のリストでは明石です。それと、六月二十六日は阪神～中京地区の生産工場など九ヵ所が同じところに、それぞれ数十～一〇〇機の投弾を受けていますね」

永「初めて知りました。それでは…」

渡「ええ、名古屋も間違いじゃないんです。永末さんは明石へ？」

永「これは距離的に捕捉できない。師団〔司令部〕作戦室からの情報を合わせると、敵は潮岬沖で隊形を整えてから、目標へ向かうようです。僚機が追及（追いつく）してこないから、単機で潮岬上空へ飛んだ。

高度は六五〇〇メートル。潮岬では上方に一層、下方に二層の層雲があって、右へ

敗戦後の伊丹飛行場で撮影された、五十六戦隊の決戦機材である三式戦二型。五式戦闘機一型の後期と共通の、背部を削った水滴型風防タイプで、スマートさがきわだつ。左どなりの機も二型だ。

旋回しつつ待機していると、乗機の両側を赤い曳光弾が何発も上へ抜けていきます。おや？　と見下ろすと、B－29が一機だけで旋回しながらこっちを撃っている」

渡「その機は、護衛任務のP－51のはぐれ機をつれ帰る任務とも思えます」

永「なるほど、そうだったのかも。高度差はちょうど一〇〇〇メートルほどあったんで、これ幸いと翼下に付けたタ弾（空対空用の親子式爆弾）二発を落とした。タ弾攻撃は二度目ですが、当たりません。

太陽を背にして雲の下に降り、こっちを見失っているB－29にじりじり近づいて、浅い前下方攻撃で四門斉射を加えました。機首に照準を合わせた射弾は後方下面の突出カバー（AN／APQ－13レーダーのドーム）に連続命中して、外板の破片がちぎれ黒煙を噴き出した」

渡「層雲がじゃまですね」

永「二〇〇〇メートルの下層雲の手前で二撃目をかけたら、黒煙を長く引きつつ雲に突っこみました。これは墜とせたと判断し、戦果報告の『カチドキイチバン、オオトリイッキ』を師団へ無線で伝えたんです」

渡「『勝鬨(かちどき)』、ですか」

永「『勝鬨一番、大鳥一機』です。撃墜B－29一機、の隠語ですね。それから北東方向の明野へ飛んで、燃弾（燃料と弾薬）の補充を頼もうと降りたら、退避して人影がない。やっと見つけてやってもらい、始動したとたんに師団からの『B－29、奈良上空へ向かう』の無線情報が入った」

渡「間に合いますか」

永「琵琶湖の手前で、敵発見、です。四機編隊の向かって右の機に、直前方からの対進攻撃（海軍で言う反航戦）。B－29から薄く煙が出ましたが、私にもガッと被弾の軽い衝撃があった。操縦席と主翼上面に異常はなく、冷却器に当たったかと思いました」

渡「計器類の指針の動きは？」

永「それも異常ありません。攻撃した編隊は琵琶湖上空で折れて東進していきました。まだ各務原の川崎工場は壊れていない。狙いはそこか、と読んで直進で先回り。岐阜工場の上空で煙を引く同一機を見つけ、編隊の防御射撃のなかを前下方攻撃で撃ち抜けます。

被弾なのか、計器板と右翼から白煙です。潤滑油のくすぶりと思い、消火のため六五〇〇から二〇〇〇メートルぶん急降下したら消えました。けれども〔ガス〔スロットル〕〕レバーに手応えがなく、プロペラは空回り。木曽川の河原には降りきれず、片翼が引っかかり田んぼに不時着です」

渡「負傷はいかがでしたか」

永「運ばれた小学校で気づきました。頭に深傷（ふかで）を負っていて名古屋陸〔軍〕病〔院〕で手当てされ、二週間で抜糸。出血多量で体力が衰えたから、下呂温泉で一ヵ月休養しているうちに終戦です。

最後の戦闘の相手は、岐阜整備学校の生徒が名古屋に墜ちたのを見ています。師団から伝わらなかったらしく、この日の戦果は戦隊長の記録に書かれてないようです」

渡「合計でB－29撃墜四機ですね。撃破は十二月三日の一機目と……」

永「撃破は合わせて四～五機です」

F6F－5とも戦った

渡「対戦闘機戦はどうでした？」

日本戦闘機では五分に戦いにくかったF6F－5「ヘルキャット」。三式戦二型なら性能的に引けを取らなかったと思う。

永「P－51とは手合わせしなかった。グラマン（F6F）には大阪と九州北部で一回ずつ出会って、戦果はありません。初めは緒方さんが戦死してまもなくです。呉軍港がやられた翌日、大阪に艦載機（艦上機）が三〇〇機ぐらい来たとき」

渡「間違いなく二十年三月十九日です」

永「戦隊長が一中隊をつれて伊丹を先発し、私の二中隊が続きました。『徳島上空グラマン六〇機北上中』の情報が四～五分遅れて入った。戦隊長の旋回が小回りなんで僚機、後続機がうまく続けず、バラバラにくずれたが、私は大きく旋回して編隊を維持しました。

敵が大阪湾から淀川をのぼっていくのを望見し、こいつの帰りを狙うつもりで高度を六五〇〇に上げて大阪上空で待ったけれども、やってきませんでした。伊丹へ帰る途中、敵編隊と間違えられて高射砲に撃たれましたよ。編隊はみな敵機と思っていたようです」

渡「古川少佐たちは交戦を？」

永「編隊を組み直せず、戦隊長が単機で退去する敵三〇機についていったそうです。まあ無意味な飛行ですね」

渡「F6Fとの二度目は、五月十四日の午前じゃないでしょうか。九州各地の飛行場がやられました」

永「可動が一二機しかなく、戦隊長、ベテランの准尉、私の三人が一個小隊ずつを指揮しました。このときも乗機はまだ一型です。戦死が続いたために、編組（へんそ）（出撃メンバー）に入れる中堅が足りなかった」

渡「三個小隊の陣形は？」

永「前下方に戦隊長の一小隊、その後方、五〇〇メートル上空に准尉の二小隊、さらにその後上方に私の三小隊。つまりわが三小隊は一小隊より一〇〇〇メートル上空にいて、戦隊長が高めを飛ぶため、雲中に入ってしまいました」

渡「連携を保ちにくいですね」

永「はい。南東への飛行中に二、三小隊を見失いました。やがて国東(くにさき)半島の手前の空域に、黒点を認め、接近しつつ数えるとグラマンが一七機です。こちらが一〇〇〇メートル高位で、ほかに友軍機は見当たらない」

渡「うまく近づけばチャンスが……」

永「ねらいは最後尾の小隊。敵は〔防御の〕旋回を始め、別の数機が上昇に移っている。まだ距離は遠いけれども、後尾小隊を照準環に入れました。がっちりと編隊をくずさないグラマンと違って、私の僚機と僚分隊（二機）はもう一・五キロも離れてしまっていた。

敵機まで六〇〇メートル。やむなく撃ったが、これは当たりません。うかうかしてると上昇力の優れたグラマンに捕まるから、四五度の上昇角度で離脱。三機ともついてきたのは幸運でした」

（軽空母「モンテリイ」を発艦した第34戦闘飛行隊機が、国東半島の空域を制圧している）

渡「対B－29戦とくらべて、難易度はどんなものですか」

永「転科だから、単機戦闘もロッテ戦法も初めからとことん演習していません。機動空戦に入らなかったから、事なきを得たと思います。私にはB－29の方が戦いやすかった」

渡「ともかくも超重爆四機撃墜は、どの操縦者にとっても至難の業（わざ）です」

最後の制式重爆 評価と塗色の変化

——名機と呼ばれ、苦戦にもまれる

陸軍の四式重爆撃機「飛龍」は、海軍の陸上爆撃機「銀河」とともに、日本が実戦に本格投入した最後の制式双発攻撃／爆撃用機だ。昭和十五年（一九四〇年）末〜十六年初めに両機の開発が始まって、四式重爆は十九年十月、「銀河」が六月に戦域に現われた。

オーソドックスな形状がベースの四式重と、ユンカースＪｕ88に範をとった「銀河」では、大きさ／乗員数も基本的用法も異なり、どちらがよくできた機材なのかの決定を提示しにくい。

逆に、当時の関係者から期せずして広く行きわたり今日に至っているのが、傑作機という独り歩き的な賛辞だ。ノスタルジックなほめ言葉とは反対に、両機の実績と戦

浜松飛行場で展示された丁式二型爆撃機。製造国のフランスではファルマンF60。左手前がサルムソン水冷260馬力エンジン装備の初期型、右奥がロレーヌ水冷400馬力エンジン装備の後期型で、陸軍重爆の始祖と言える。

果にめだつものはなかった。もちろん隊員たちの苦戦敢闘は別にして。

「銀河」については以前に、開発経過と各型の解説、それに一部の部隊の戦歴記述を試みた。ここでは空中勤務者から見た四式重の感想と、逐次変化する塗装を取り上げて、既存概念への復習、検討を述べてみたい。

まず概念から。

陸軍の実用重爆は、フランスのファルマンF60「ゴリアト」を輸入した双発の丁式二型爆撃機に始まる。ついでドイツ・ドルニエからの技術導入で、川崎造船所・飛行機科が製作した八七式重爆が、満州事変に出撃して重爆部隊の実戦キャリアがスタートした。

ユンカースG-38/K-51を三菱が改修し

た唯一の制式四発重爆である九二式は試作程度。その経験を生かした双発の九三式重爆は日華事変で使われたが、低性能をおおえず、イタリアからフィアットBR－20を輸入し、イ式重爆撃機の名で補助的に実用した。

海軍の九六式陸上攻撃機にくらべてあまりに旧式な九三重の、後継で登場したのが九七式重爆撃機。敗戦まで使われ続けた代表的重爆である。戦争中盤に登場の中島の百式重爆撃機「呑龍」は、速力の向上と防御武装の強化をはかったのに、動力系統の故障過多で可動率が低く使いづらいため、九七重の座を継承できなかった。

開戦までの陸軍航空の重爆の用法は、軍事的拠点への投弾に終始した。相手が中国軍で、大規模工業地域がとぼしい大陸の戦場だからである。反抗し邀撃してくる空軍力が弱かったため、部隊は航空優勢のもとでの水平爆撃を反復する。

双発中型機は日本にとって大型機だった。多数機をそろえる国力がなく、敵が二流半の空軍で、目標に変化がなくては、双発爆撃機がカバーすべき性能は限定的で、汎用性を富ませがたい。

大戦が始まって主敵が米軍にかわると、大陸ではさほど感じなかった欠陥が露呈する。主戦場が島々へ移り、主目標は敵基地に変わった。中国軍との比較などとてもできない、強靭でスケールが大きな米陸軍航空兵力と対峙して、重爆戦力の心もとなさ

米双発爆撃機の高機動性を示す。1944年(昭和19年)2月16日、カビエン北西海域で第三十九号駆潜艇を襲う第500爆撃飛行隊のB－25C。500ポンド(226キロ)爆弾が命中する。

が際立っていく。

機動力をそなえない九七重、百重の飛行特性は、四発のボーイングB－17「フライング・フォートレス」と変わらず、コンソリデイテッドB－24「リベレイター」にははっきり劣る。両機との航続力の大差は言うまでもない。双発で似た大きさのノースアメリカンB－25「ミッチエル」、ダグラスA－20「ハボック」には、機動力、防御火力、爆弾搭載量のいずれも大幅に離され、速度や航続力も下まわる。「わが重爆は米四発重爆の威力にはとても及ばない別物だ。同級であるはずの双発中爆に対しても勝ち目はない、言うなれば軽爆程度の存在感」と元重爆操縦者が戦後に語った言葉は、決して自虐ではない。

ラバウル湾やウエワク泊地、北千島周辺でくり返された日本艦船への超低空攻撃、フィリピンの飛行場にならぶ日本機を急襲し破壊する優れた飛行特性。戦闘機の随伴なしでも日本の制空権内を飛び抜ける耐弾能力と射撃兵装。

双発爆撃機をくらべると、兵器への概念、機械を量産し運用してきたキャリアの差、離されるばかりの製造力の差が、歴然と表れているのを認めざるを得ない。


〈飛行第七戦隊〉

山村卓彦少佐、須藤三郎少尉の場合
昭和十四年九月に第五十二期生で航空士官学校を卒業。山村少尉は浜松飛行学校、七戦隊ついで六十戦隊付の将校操縦者として、重爆乗りの道をまっすぐに進んだ。

山村少尉が着任したころの六十戦隊の主目標は、「奥地攻撃」と呼んだ臨時首都・重慶だった。山西省運城からの華中の臨時首都・重慶まで七五〇キロ。海軍航空との連携作戦だが、戦隊の九七重一型も海軍の九六陸攻も、九七式戦闘機および九六式艦上戦闘機の航続力不足から、掩護を受けられない。

弱小ながら果敢に邀撃(ようげき)をかける敵空軍のポリカルポフI(イ)－15、I－16に、九七重は三個中隊三六機をもって、ゼロ機幅・ゼロ機長の密集編隊による防御火力で対抗した。敵機の近接がすぎて左翼付け根ちかくにぶつかられたが、無事に帰還できて山村少尉に絶対的信頼感を抱かせた。

生産は十六年から、エンジン出力を四〇〇〜五〇〇馬力高めた二型に切り替わる。「一型と二型は別機に近い。性能もよくなった」と信頼感をもった山村中尉は、シンガポール、フィリピン攻撃ののち帰国して、二年のあいだ航士校で後輩の基本教育を手がける。ついで浜松教導飛行師団（浜飛校を改編）へ移り、まもなくの十九年十月なかば、浜松が根拠飛行場の飛行第七戦隊へ本部付として転属。七戦隊の装備機は定数の全二七機が、百重二型から改変した新鋭の四式重だった。

浜飛校で未修飛行（操縦訓練）を終えていた山村大尉の評価は「機動力をそなえた、いい飛行機」だ。三〇度の降下が可能な突進性、機関砲五門の武装強化、軽荷重なら時速五〇〇キロを確実にこえる速度性能。自身が実戦での使用未経験の百重ではなく、九七重二型と比較すると、断然使える機材に思われた。

ニューギニア、ソロモンから撤退、空母決戦のマリアナ沖海戦に完敗した日本軍にとって、進行中のフィリピン戦が外地で最後の決戦場。かねて想定した雷撃戦参入のため、第七六二海軍航空隊の指揮下に入り、魚雷懸吊装置を付けた四式重を使って鹿屋基地、ついで宮崎県赤江基地で雷撃訓練を進めた。

「暇さえあれば、別府湾で雷撃訓練」（山村さん）。空母「鳳翔」の艦上から海軍側が

宮崎海軍基地に置かれた飛行第七戦隊の四式重爆撃機。三菱・名古屋航空機製作所で作られた当初の生産機で、爆弾倉下面に出た魚雷抑えが明瞭に識別できる。上面を濃緑色、下面を明灰色で塗った典型的な初期塗装だ。

観測して、命中か否（いな）かを伝えてくる。一部の機には十三期予備学生出の海軍少尉が同乗し、偵察員すなわち航法士の役をになった。雷撃の特修科を出た攻撃第七〇八飛行隊長の長井彊（つとむ）大尉から、要点を示され擬襲をやってみた山村大尉は「九七重や百重では無理でも、『ロクナナ』ならやれる」と判断した。

どの重爆部隊でも四式重を、略号（試作名称）のキ六七から「ロクナナ」と呼び習わした。これを報道班員などが耳にし、戦後に「六七（ロクナナ）重爆」などと書き綴ったから、ある程度の飛行機知識をもった読み手をとまどいをもたらした。

ルソン島クラークへの進出途上、十一月十九日に台湾・高雄基地で第38任務部隊の空母への攻撃命令を受けた。一式陸攻、「銀河」

とは別動で全滅覚悟の四式重七機が出撃、うち三機はエンジン不調で引き返し、山村大尉指揮の四機が南下した。

　白昼接敵では敵戦闘機の餌食だ。ルソン島の北端上空で三〇分の旋回をして時刻を調整し、高度二〇〇メートルで薄暮の目標海域に到達。現われたグラマンF6F-5「ヘルキャット」の射弾が、山村機（七七号機）後上方射手の副島英治少尉を傷つけた。

　超低空飛行でグラマンを振りきれたが艦影は見えず、十一月三度目の出撃もカラ打ちかと大尉が思った午後六時すぎ、「白波が見えました！」と機首内の爆撃席にいた航法の岡部郁三中尉の声。副操縦席の山村大尉も双眼鏡で一〇キロ前方に重巡洋艦一隻を確認し、主操の畠尾邦雄大尉と操縦桿を交互に操作して、機を上下左右に〝踊らせ〟ながら接近する。

　山村大尉の「用意テーッ！」海軍式の発射号令で、距離八〇〇メートル、高度三〇メートルから九一式魚雷改七を放ち、弾幕をぬって敵艦上を飛び越える。遠ざかる敵影を見る尾部砲射手が「轟沈しましたよーっ」と言いながら寄ってきた。のちの報告で「二つに折れ三〇秒で沈みました」との説明だった。

　他機との連絡が取れないまま山村機は南南西へ飛んで、クラーク地区のマバラカット海軍基地の上空に到着。被弾多数の七七号機は脚が出ないので、胴体着陸ですべり

クラーク地区のマバラカットに残された七戦隊の四式重。尾翼の機体番号7－77から、前年11月に第38任務部隊を攻撃後に不時着した山村卓彦大尉機と判定できる。陽光のため、塗色の濃緑が明るく感じられる。

こんだ。

岡田章大尉の二番機も重巡の轟沈を報じた。雷撃時に対空射弾が当たって航法の山口嘉典海軍少尉は戦死し、機体にも支障が出てクラークまでは飛べず、リンガエン湾に不時着水。沿岸に泳ぎ着いて地上部隊に救助され、二日後にマバラカットにやってきた。

三番機、四番機は未帰還。ほかに一式陸攻三機、「銀河」三機が、F6Fまたは対空砲火によってこの空域で失われた。

軽空母「インディペンデンス」が搭載した第41夜間戦闘飛行隊のウォラス・E・ミラー少尉がF6F－5Nで三機、空母「エンタープライズ」の第20戦闘飛行隊のF6F－5が協同で三機の一式陸攻撃墜を認められている。対して雷撃隊の撃沈戦果、すなわち米側の損害の記録はなく、報告戦果は墜落機の爆発炎上や、火砲の射撃炎の誤認と見なすしかない。

四式重を含む日本双発機の米艦隊雷撃は、薄暮〜夜間のベールをまとってさえ、ほとんど不可能というのが実情だったのだ。

湾内に海没した二番機の副操縦者だった久保井さん（当時は須藤少尉）の回想。敗戦まで在隊一年間の学鷲ながら、サイパン島攻撃のための十九年末の硫黄島進出、二十年春の沖縄戦で出撃し、四式重との付き合いは浅くない。

「ロクナナは九七重とくらべて、飛行性能が段違い。プロペラも初めはショートする不具合が出たりしたが、作戦のころには完全にフルフェザーにできました。色はどの機も濃緑と明灰色です」。エンジン停止時、プロペラ羽根のピッチを大きくして進行方向へ向け、空気抵抗を最小にする機構がフルフェザリングだ。

九十八戦隊に続いての早期受領だから、装備機が大戦中期以降の陸軍機の代表的塗装であるのは納得できる。

〈飛行第七十四戦隊〉

小原（おはら）申三中尉の場合

修武台（いまの入間基地）にある航空士官学校で、実戦参加の最後である第五十七期生だったとき、九五式一型練習機での操縦訓練で、教官から「編隊飛行と計器飛行がうまいぞ」と評された。その両方を重爆隊では重くみる。

浜松飛行場の飛行第七戦隊で重爆部隊の運用を見学し、浜松飛行学校で爆撃照準の訓練を教えられて、組織と機材の大きさ、緻密さに関心が強まった。十九年三月の航士校卒業時に重爆分科を希望したのは、任官したての小原少尉にとって当然の成り行きだった。

現役将校が特業に慣熟する乙種学生は浜飛校で。七九名は九七重二型の班と百重一型の班に分かれ、小原少尉は百重班に入った。途中、訓練機の故障で臨時に九七重を操縦したら、どの飛行姿勢をとるにも三舵の重さが身体に伝わった。

このずっしりさ、「悠々と飛行するのが重爆」との表現が、〝日本式双発爆撃機〟の概念を生んだ。威力少なき中国空軍を相手の、機動性を要しない大陸でなら通用したのだが。

十一月、北海道帯広の飛行第九十五戦隊に着任する。ほどなく戦隊の百重二型はフィリピン決戦に参加のため、台湾経由でクラーク南飛行場に進出。第一中隊付の小原少尉らは、まだ双発の飛行に慣熟が不足している特別操縦見習士官、予備役下士官た

飛行第七十四戦隊一中隊付の小原申三少尉が「死に場所」と決めた、四式重コクピットの副操縦席。機長が座る場合が多い。

ちの錬成指導に、帯広への帰還を命じられた。

帯広に訓練をはばむ積雪が始まって、熊本県の健軍飛行場へ移動する。練習用の一式双発高等練習機を健軍へ運ぶとき、この機を未経験の小原少尉はいささか手こずった。五十七期の重爆分科はなんと、赤トンボ（九五練一型）を終えていきなり百重の同乗飛行へ進んでいたからだ。シラバス省略化の典型である。

フィリピンの九十五戦隊本隊は特攻をふくむ対艦、対地作戦で消耗。健軍、帯広に帰還して四月に解隊し、人員は同じ飛行団でフィリピン戦を戦った飛行第七十四戦隊に編入された。

七十四戦隊の百重から四式重への機種改変はこの四月だ。帯広に逐次空輸される新機材の未修飛行（慣熟訓練）で、一中隊の小原少尉は高性能に喜びを感じた。新機材に合わせて新たな部隊マークが募集され、「7」と「4」を組み合わせた少尉の案が採用された。

後発機だから最大時速の向上（四〇キロ増）は当然として、機動力がぐっと増し、さらにエンジンの信頼性が高まった。水平直線飛行をはじめ操縦性の安定感だけは百重がまさるが、裏を返せば鈍重なのであり、四式重にとって操縦能力で解決できる。全体的に「飛行機として四式重がずっと上。〔性能が劣る〕百重では死に切れん」と言い合った。

樺太・大谷（落合）飛行場で七十四戦隊の四式重が整備を受ける。塗装は上面が濃緑色、下面が濃いめの明灰色だ。手前に立つのはサングラスをかけた一中隊長の内田精三大尉。

　戦隊内で新重爆を四式重と称したのは、ときどきでしかない。固有名詞の「飛龍」については知っているがまず使わず、やはり慣用句的な「ロクナナ」を主用した。戦闘隊が「四式戦」、あるいはもっと略して「四戦（よんせん）」と呼んだのに、四式重になじまず「四重」を未使用だったのは、重爆乗りが「四」と縁起との絡み（から）をより気にして避けたからではないか。

　北海道の要地も、七月なかばには第38任務部隊の艦上機群に襲われ始めた。そこで戦隊は中隊単位で七月のうちに、樺太の大谷（落合）飛行場へ移動する。まず一中隊の九機（これが定数）が進出時に、小原中尉（六月に進級）機は左スピナーがゆるんで振動を生じ、札幌の丘珠飛行場に降りて直している。

全体的な技倆向上の訓練のほかに、暑さが増すと利尻島の空域で、海面を這うような超低空飛行を始めた。ノースアメリカンP－51D「マスタング」がひしめく硫黄島へ、九月一日に空襲をかける内命が、七十四戦隊に伝えられていたからだ。航続力を増すため、後部胴体内に二個の増加タンクを設置した。

敗戦の一週間前、松本の秘匿飛行場に移動。ここから茨城県の西筑波飛行場へ前進し、燃料、爆弾を積んで硫黄島へ向かうのだ。打ち合わせで一度だけ西筑波に飛んだ小原中尉は、これで戦時の重爆機長／副操縦者の任務に終止符を打った。

小原中尉が記憶する飛行第七十四戦隊の四式重の色。陸上自衛隊のヘリコプター、戦車などのオリーブドラブから茶を抜いた濃緑に、いくらか暗灰色を付加。雑誌などの塗装例に見る一般の濃緑よりも薄暗い。

〈飛行第六十二戦隊〉

工藤仁少尉、前村弘兵長の場合

20年2月、格納庫から積雪の駐機場に引き出された飛行第六十二戦隊三中隊の四式重。色調は一変して上面に濃灰色、下面には明灰色を塗ってある。各戦隊を通じて日の丸の白ふちどりは省略された。

泳ぎが不得手なので陸の学鷲・特別操縦見習士官に応募した。一式双発高等練習機での両エンジンの同調操作は得意で、爆撃機を指定された工藤見習士官は、浜松教導飛行師団で九七重二型に続いて百重一型で実用機の操縦訓練を進める。

「百重は尾部がきゅっと上がって、重爆らしいスタイルです。九七重よりも操縦がとっつきにくいが、慣れればかえって乗りやすい」と戦後に改姓した佐野（旧姓・工藤）さんは話す。こうした未修教育を終えて、工藤少尉が着任した二十年二月の茨城県・西筑波飛行場には、モロタイ島攻撃後の六十二戦隊員がバンダ海北部から三々五々帰りつつあった。

四式重がちょうど入り始めたところだ。二中隊付を言いわたされた少尉は、この新機材を「ロクナナと言うんだ」と教えてもらった。四式重とも聞かされたが呼びはせず、しばらくのちに「飛龍」の名を知ったが、一度も使わなかった。

ベテランの下士官から離着陸、空中操作の指南を受ける。九七重と百重は善し悪しの比較ができたが、ロクナナは別物だった。操舵感が圧倒的に軽くて、各種の機動も容易。百重とはまったく違う。これまでに身体にしみこんだ〝重爆〟の概念にそぐわないのだ。

大柄で低速の重爆が特攻攻撃をこなしがたいのは、フィリピン戦で分かっていた。大本営陸軍部の作戦課はそれを肯ぜず、抗議する戦隊長・石橋輝志少佐を更迭して、六十二戦隊の戦法を全隊特攻に指定した。

部隊幹部から隊員にいきなりの全力特攻方針は示されず、空中勤務者（飛行機搭乗者）たちを集めて「このなかで特攻機に乗りたい者、手を上げろ」と告げられた。現時点の戦況と隊内の雰囲気から、挙手を拒むのはほとんど不可能だ。工藤少尉をふくむ全員が応じた。

三月中旬、西筑波から大分海軍基地に移動した戦隊は、名目の反跳爆撃は建て前にとどめ、海面のすぐ上を目標艦へ迫る特攻訓練に終始する。西筑波では分からなかった超低空飛行での安定性、離脱時の機動、海中突入を逃れうる昇降舵の利きのよさを納得でき、敵艦に突入可能な感覚を少尉に抱かせた。もちろん演習だから爆弾なしの機体は、特攻時よりもはるかに身軽で、なによりも行く手を強烈にはばむF6F群がいなかったのだが。

そのグラマンが三月十八日に現われた。沖縄戦を前にして九州中南部の日本航空兵力掃討で、大分基地の四式重も過半がつぶされた。連続空襲をおそれて、残存のわずか四機は西筑波へ帰還した。

沖縄戦が始まった四月上旬、岐阜・各務原（かかみがはら）へ出向いて受領したのが、特攻機中の特攻機と称しうる桜弾（さくらだん）装備機だ。爆発力を前方へ集中させるノイマン効果を応用した、重さ二・九トン、直径一・六メートルの太短い巨弾が、操縦席の後方に作り付けてある。背中が大きく膨（ふく）らんだ異形の四式重そのものを、六十二戦隊では本来は爆弾呼称である「桜弾」と呼んだ。

「桜弾」のほかに、もう一種の特攻仕様機が来た。海軍の三式八十番（八〇〇キロ）爆弾を四式重の爆弾倉と胴体内に計二発、ベルトで固縛（こばく）したト号機で、桜弾と同様に川崎航空機・岐阜工場で改修（あるいは製造）された。

ト号機二機と「桜弾」一機は四月なかばに、福岡県の大刀洗飛行場から鹿屋海軍基地に進出。十七日午前に出撃したが、ト号機一機だけが帰還し二機は撃墜された。四

六十二戦隊の桜弾。2.9トンもの弾体を内蔵した、異様なふくらみの背中。黒に近い暗灰色と灰色の塗り分けが確然とし、先端下部には鮫口が描いてある。航法を担当する橋本清治見習士官とともに。

式重の爆弾／魚雷搭載能力はおおよそ一トン。「桜弾」はもとよりト号機でも完全なオーバーロードだから、退避の機動などできずただ飛んでいるだけ。一機帰れたのは幸運だった。機首航法席の前村弘候補生（下士官候補の上等兵）が、推定で読んだ針路が当たったのだ。

ふたたび各務原で機材を受領して、五月下旬に入ったころの六十二戦隊には「桜弾」が三機あった。通常の四式重（標準機と呼んだ）しか操縦していない工藤少尉は、一～二日後の出撃と地上滑走だけを中隊長・伊藤忠吾大尉に命じられ、迫る死と操縦の困難を胸に「桜弾」を走らせる。滑走の感じに巨弾の重さはなく、標準機と大差がなかった。

だが翌二十三日の未明、少尉の「桜弾」は隊内の放火で大破した。代機にト号機が用意され、二十五日朝の出撃時に初滑走。「桜弾」よりは軽量なぶんだけ、いくらか容易な走行ののち浮き上がり、沖縄付近の海域まで飛んだが、視界不良のため敵艦が見つからず、爆弾を捨てて大刀洗に帰還した。手ひどく怒鳴られるとの予感ははずれ、伊藤中隊長は落涙しつつ出迎えてくれた。

「『桜弾』、ト号機、標準機のどれもが濃いグレイでした」と佐野さん（改姓後）ははっきり語った。より詳しく記憶する前村さんは、標準機とト号機は「暗い灰色」、「桜弾」が黒っぽい灰色とはっきり覚えている。ほかに「『桜弾』は黒い感じ。ほかのロクナナは塗装なしで、ジュラルミンがさびた状態」との説もあり、やはり灰色系に違いない。

六十二戦隊がもらったのは川崎製の機（九一機生産）だから、同社製ロクナナの外部塗装は大半が灰色系なわけだ。飛行第百十戦隊の装備機も濃灰／暗灰色である。

〈名古屋航空機製作所・第九製作所〉

山田盛一（せいいち）少尉の場合

昭和九年に下士官操縦学生を卒業したから、敗戦までに一二年間ものキャリアを有する。サルムソン2A2練習機を使った最初の同乗飛行で、助教が「どこかで操縦を

熊谷飛行学校の助教だった山田盛一曹長は、装備機材の試験飛行をこなすため双発機の操縦を覚えた。12年の夏の曹長と、静かな飛行が特徴の九三式二型重爆撃機との記念写真。

やっていただろう」と誤解するほどの適性。学術も上々だったが、迎合を避ける性格にタイミング的不運が加わって、十四～十九年の五年半あまりを准尉ですごした。

飛行歴の長さ、高度な技倆を空戦で発揮する機会もあったのに、熊谷飛行学校の助教当時に覚えて双発機をこなせるため、戦闘隊には二義的な輸送、長距離飛行、試験飛行などを命じられた。飛行第五十四戦隊では、双発ゆえに誰も乗れない九七式輸送機（ATと呼んだ）と九七重に搭乗。大阪～帯広～北千島・幌筵島まで一式戦の先導、ラバウルへの器材空輸にかり出され、一五キロ爆弾を搭載して北洋の対潜哨戒、爆撃訓練もやってみた。逆に一式戦は、あまっていれば乗る程度だ。

十九年九月に札幌の第一飛行師団・司令部飛行班へ転属。北東方面が守備範囲で、輸送用に百式輸送機（MCと呼んだ）を持っていた。九七重の胴体を輸送機に変えた機で、クセが強いATに比べて操縦がぐっと楽だった。

F6F、F4Uが関東に来襲してひと月たたない二十年三月、航空総監部（教育を統括する。航空本部と人員が共通）の飛行班に転属する。要人の長距離移動に従事するが、もはやMCでは危なくて飛べないから、四式重への機種改変が決まった。重爆を輸送機に使わねばならない、崩壊しかかった戦局が訪れていた。

予備役将校ではあるがようやく前年九月に進級していた山田少尉が、福生（ふっさ）の航空審査部へ未修飛行に出向く。彼の経歴を知る審査部爆撃隊長の酒本英夫少佐が、直々（じきじき）に伝習役を買って出て、副操席で離着陸時の要点に少しふれただけ。離陸も着陸も少尉が初めから操縦し、合計一〇時間たらずで未修をすませた。

「難しいところはない。扱いやすい、いい飛行機」。同じ三菱製双発機のMCと似た、好ましいふんいきを山田少尉は感じ取っている。

三菱では、本社からさほど遠からぬ愛知県下で四式重を作っていたが、熊本航空機製作所でも生産が決まった。同製作所は二十年二月に第九製作所と改称。量産機の試験飛行を担当した古い予備役の中尉が、体調を崩して任務から離れたため、郷里が熊

敗戦の何日か前の富山飛行場。浜松教導飛行師団・第四教導飛行隊の第二中隊が保有するスピナーが外れた四式重64号機。カウリングの下半分、胴体下面は黒にちかいこげ茶で地色の明灰色を覆い、上面にはそれまで用いられていた濃緑が塗ってあった。熊本・第九製作所の全面こげ茶へ移行する過渡期の処置と思われる。

本で四式重を扱える山田少尉に声がかかった。軍需管理課から生産管理の監督官の肩書を受けて、五月に健軍飛行場にそった製作所へ出向いた。

部品の供給不足もあって、完成機は月産一〜二機の状態。生産第四十号機をすぎるあたりまで諸テストが終わっており、少尉は四十六号機まで試験飛行をすませた。一機にわずかな傾きの訂正があったほかはどれも合格。審査部でも熊本でも呼称にはロクナナまたはキのロクナナが使われた。

色は、見なれた濃緑、暗緑とはまったく違う、「黒に近いコゲ茶色」(山田さんの表現)。

下面の塗装については記憶していない

けれども、同じコゲ茶色と推定できよう。

次の四十七号機の試験飛行が翌日か翌々日に予定されていた八月十五日。正午の玉音放送は、敗れた事態をはっきり理解できる明瞭さだった。


四式重の塗装の変化を見ると、日本軍の窮状（きゅうじょう）の反映であるのが分かる。

スタート時の標準的な上面・濃緑／暗緑、下面・明灰色が濃灰／暗灰色系に変わったのは、薄暮あるいは暁闇（ぎょうあん）への対応だろう。最後に、熊本の生産機が用いた暗褐色／コゲ茶色はまったくの夜間迷彩だ。忍者の黒装束にもっとも効果的だったのは暗赤色、と書けば了解いただけるだろう。

「飛龍」の海軍呼称は「靖国（やすくに）」とされるが、麾下（きか）の陸軍部隊が持つ機材で、制式採用兵器ではないから言わば俗称だ。関係部隊の士官などの知識にあるだけで、海軍一般には使われなかった。「飛龍」を用いなかったのは、喪失空母と同名だからではないか。陸軍側で「靖国」を知る者はごく少ない。

日本陸軍の重爆の在り方は、大陸の戦闘パターンに引きずられた、地上兵力への協力を旨（むね）とする戦術的なコマぞろえで経過した。防御力にしても、米戦闘機の邀撃に対抗できる飛行性能や火力を、とても備えてはいなかった。この点、海軍の陸上攻撃機も同様である。くり返すが、中国軍相手ならまにあい、アジアの英軍ならなんとか対応可能な破壊能力とみなし得た。

そうした戦場の目標を撃ち砕く有効な双発機、すなわち日本的重爆の、いちおうの到達点がロクナナすなわち四式重だったのだ。

米軍の航空を知り、四式重の雷爆撃では効果を上げられないと分かって、その次の陸軍重爆を作る余裕が仮にあったとする。それなら、どんな双発機を登場させるべきなのかを探るのは、実は大変に難しい。

陸軍双発練習機の知られざる実績

――これこそ埋もれた傑作機

日本の大戦機に関心をもつ人々にとっても、第一線機でない一式双発高等練習機は縁どおい存在だ。とりわけ運用面での具体的な様相を知る人は、当時の関係者のほとんどが他界した今は皆無にちかい。

平成二十四年（二〇一二年）九月に十和田湖から引き揚げられた機が、元の形状と塗装をよく残していたため、一般に公開され好評を博した。

けれども戦時中の運用状況や実績、使い勝手の優劣是非などは、ほとんど発表されていない。そこで、日本の高等練習機の存在意義、開発経過を前おきに、昭和十八年（一九四三年）九月の水没から六九年ぶりに地上にもどった飛行機の、内容と実際の評価を紹介する。

空中での業務訓練機材

一般にイメージされる練習機は、しろうとを一人前のパイロットへ育てていく、操縦技倆（ぎりょう）の向上に用いられる飛行機だ。もちろん一種類ではまかないきれない。まず、羽布を張った低馬力の初歩練習機で基本操作。つぎに同じく羽布張りの中間練習機でほとんどの空中機動を学ぶ。仕上げは全金属製の高等練習機による、実用機に準じた運用上の機動を実践し、このなかには射撃や爆撃の訓練もふくまれた。

ところが、単座の戦闘機ならいいのだが、爆撃機や攻撃機、偵察機、輸送機には二人以上の空中勤務者（以下、空勤）が乗り組んだ。操縦者をのぞく空勤には、無線通信、爆撃、写真撮影、航法、防御射撃などの担当任務が課せられた。これらは大型機では一人が一種目を専門にこなすけれども、数種目を兼務する場合（海軍機がより顕著）もある。

操縦者ではない搭乗者たちにも、もちろん訓練が必要だ。機器材のベーシックな操作、簡素な条件での使用は、室内設備を使い、あるいは地上の機内である程度は覚えられるとはいえ、飛行時になされる機上での操作、実用とは操作感、使用感に大差が出てしまう。

こうした諸任務の訓練を実施するには、該当の機器を装備している旧式機（第一線機は数に余裕がない）を使うのが手っ取り早いけれども、インストラクターが教示したり、何人もが同乗してあいついで試行しうる（一人ずつでは離着陸が大変）には、余分な空間がほしい。つまり、ある程度の収容能力を有する飛行機が好適なのだ。それなら五名前後を便乗させて軽輸送機にも使える。

各種の機上操作／作業に関しては、洋上飛行を不可欠とみなす海軍がより重視する（航法が主務の偵察員が操縦員と同格）。専用の訓練機は三菱重工業が設計した単発、肩翼式の4MS1を、昭和六年（一九三一年）十月に九〇式機上作業練習機の名称で制式兵器に採用した。

海軍から四年あまり遅れて、十年十二月に陸軍航空本部が採用した同系統の機材キ六は、中島飛行機が手がけた九五式二型練習機だ。アメリカで設計・生産されたフォッカー「スーパーユニバーサル」人員輸送機を改造して、設備と機器材を付加させうる片翼式単発機（九五式一型と三型は石川島／立川飛行機の複葉複座機）だった。

このとき対抗馬だった三菱キ七は、海軍九〇機練を陸軍の仕様に改修した機だ。うまくしたら〝陸海軍共用〟の道がありそうなのは表向きで、このころの両者に同じ国産機を使う思考はなく、キ六が採用された。

高等練習機への諸問題

海軍の九〇式も陸軍の九五式二型も、訓練そのものの使用について難点はなかった

上：海軍の九〇式一号機上作業練習機。留(ル)式7.7ミリ旋回機銃を操作する偵察練習生を教員が指導する。地上での撮影だが、飛行中もこのスタイルをとった。
下：「スーパーユニバーサル」をベースに、無線通信、航法、写真、射撃などの訓練用機器材を備え付けた九五式二型練習機は、機内の広さから輸送機にも使われた。

が、ともに鋼管溶接に羽布張りの胴体、木製構造の主翼、時速二〇〇キロあまりの最大速度では、実用機の大半が時速三〇〇～四〇〇キロの全金属製機に変わった、昭和十年代前半のころには旧弊さが歴然だ。

完成後まもなくの十一試陸上機上作業練習機。全金属製機ではあっても木製機と大差がない価格を念頭に設計された。日華事変で「戦時にぜいたく」との横槍が双発機練をほうむった。

そこで海軍は十一年に、三菱に双発の十一試陸上機上作業練習機（Ｋ７Ｍ）の試作を提示し、十三年に完成する。主脚こそ固定式、プロペラは木製ながら、九六式陸上攻撃機より二まわり小さな、密閉式操縦席のちゃんとした双発機だった。

双発機だから、片方のエンジンを止めた片舷（片発）飛行や、停止・再発動の再現も可能だ。これまで実用機の九六陸攻を使っていた双発の操縦訓練も、十一試機練でできる。人員・機器材の搭載能力も、九〇機練より大きい。

生産費を抑えるための木製機案も考えられたが、双発の木製には経験がない三菱は同程度の価格で造れる金属製機案で進んだ。試作機の飛行性能は良好で制式化へ向かう十一試機練を、はばんだのは日華事変の長期化の戦況だった。航本側から「戦時下の練習機にはぜいたく」との感覚的批判を出され、量産には至らなかった。

以後、海軍は双発機練を発注せず、十八年に渡辺鉄工所／九州飛行機が設計した単発中翼式の「白菊」を採用して、機練にピリオドを打つ。

十一試機練から三年おくれの十四年三月、陸軍航空本部が二種の新機材の試作を、どちらも立川（軍の略称は立飛）に提示した。

一つは、単発複座の実用機・九八式直協偵察機（キ三六）に複操縦装置を加えた、同形の高等練習機で略号はキ五五。中間練習機に用いている複葉羽布張りの赤トンボ・九五練一型では、実用単発機との差が大きすぎるから、あいだにもう一階梯を置くのが目的だ。九八直協はすでに生産が始まっていて、機体のハード面については大きな問題はなく、ほどなく九九式高等練習機の制式名称が付いた。

翼端失速の傾向がつよい九九高練は、その後に搭乗する第一線機の「九七式戦闘機や九九式襲撃機より難しい」と誰もが口にした。ところが、実用機でしばらく飛ぶと、苦しかった操舵の記憶が消えていく。

九九高練への手こずりは、ヒナ鳥時代の低い技倆と、九五練との失速特性に関する大差（複葉の後者は翼端失速に陥りにくく、前縁後退角が大きなテーパー翼の前者では生じやすい）が生んだ扱いにくさが要因だからだ。実用機で腕が上がれば、「やりにくかった」としか記憶に残らず、同じ飛行特性の九八直協を平気でこなしてしまう。

ともあれ、これは余談だ。

優秀作キ五四が生まれる

記事の主題に選んだ、もう一つの設計機キ五四が、同乗者の諸作業訓練を目的とする高等練習機だ。海軍がぜいたく感から躊躇（ちゅうちょ）し装備を却下した、全金属製の双発機である。

双発の諸作業練習機を陸軍が試作させたのは、九六陸攻のような手ごろな訓練用機がなかったからだろう。キ五四の同級機に、英空軍のアブロ「アンソン」、米陸軍のビーチクラフト18、ドイツ空軍のフォッケウルフFw58「ヴァイエ」があって先行運用中なのも、航空本部の意識に影響したと容易に推定できる。

設計主務を命じられた品川音次郎技師にとっては、初めての陣頭指揮だ。それゆえだろう、九八直協／九九高練の主務だった遠藤良吉技師が、指導役すなわちスーパーバイザーを務めた。設計作業は航本提示の翌月、十四年四月に開始される。

立川はこの時点までに、中島設計の九七式輸送機の転換生産を進め、ロ式輸送機（ロッキード14Y輸送機）のライセンス生産の準備に入っている。ともに全金属製で、主脚引き込み式の双発機だから、キ五四は立川の生産機として特異な型式ではない。ただし自社設計機では初の経験だった。

木製骨組みの複葉機、高翼機を手がけてきた会社ゆえ、十四年ごろには全木質素材による実機の試作にかかれるまでに技術を高めていたのに、海軍の十一試機練とは逆に、ドイツに傾倒する陸軍のアルミ万能主義に押されて中絶した。木製キ五四の試作も実現可能だったのだが。太平洋戦争の後半にアルミ不足からキ一一〇の略号で同機の木製化が進められ、未完で終わるのはいかにも皮肉だ。

動力は信頼性が高い九八式四五〇馬力エンジン（ハ一三甲）二基を、低翼式のテーパー翼に付ける。低出力だからカウリングには、温度過昇を抑えるカウルフラップを要しない。胴体の断面を矩形（くけい）にまとめ、諸装置、銃座などを装備しやすいよう努めた。速度や上昇力など数字的な高性能をねらうわけではなく、高度な運動性も必要ない。操舵にすなおな操縦反応を示し、離着陸にクセがなければOKだ。第一線用の優秀機を仕上げるような困難さはともなわない。

航空本部はキ五四に操縦、射撃、爆撃、通信の訓練のほか、小型輸送機の仕様も求めてきた。用途別に改修をほどこし、複数の小改造型を作る指示が出されている。
設計は十四年十二月に終わって、試作機の製造もとどこおりなく進み、開発着手から一年二ヵ月後の十五年六月二十四日に一号機の初飛行に成功。社内の飛行試験に続いて陸軍航空技術研究所（技研と略称。航空審査部の前身）が、同じ立川飛行場から性能審査を始めた。

完成、飛行するキ五四甲すなわち一式双発高等練習機甲。胴体左側、主翼付け根の後縁ちかくから出た足掛けは固定式だ。

四機作られた試作機は、陸軍操縦者の諸テストでも大きな問題を指摘されず、十六年度（十六年四月～十七年三月）早々に一式双発高等練習機の名称で制式兵器に採用された。

唯一、懸念されたのは着陸時の失速傾向だ。速度を時速一五〇キロまで落とすと機首を下げる。原因らしい翼根失速を防ごうと、フィレットの形状変更をなんども試みたが、完治しきらないままで終わった。ただしこの低速時の特性は、運用部隊では特に問題にはされてない。

双練甲による学びの声①

一式双発高等練習機を縮めれば一式双高練。双発の高等練習機はこれしかないから、さらなる略称の「一式双練」が書類や記録に使われた。使用する空地両勤務者は誰もが、単に「双練」と呼んだ。一部の隊では「爆練」(爆撃練習機)とも称している。

双練の仕様は三分され、甲が双発の操縦訓練(ついで航法訓練を追加)、乙は爆撃および射撃訓練と通信訓練、丙は人員輸送を主目的にした。これらが部隊および学校でどう使われ、いかに評価されたかを見ていこう。

まず一式双練甲。

二式複座戦闘機を装備する飛行第五戦隊への配属を十八年十月に命じられたが、豪北方面へ出ていて不在なので、調布の二百四十四戦隊で九七式ついで三式戦闘機で半年のあいだ訓練した、第十二期少年飛行兵出身の飯村新次郎伍長。所沢で新編(ついで松戸へ移駐)の五十三戦隊に十九年五月に転属し、まず乗ったのが数機あった双練だ。初めての双発、操縦桿でなく操縦輪、ガス(スロットル)レバー二本に当初はとまどい、まもなくなじんだ。

並列複座(サイドバイサイド)は左の主操席に未修者、右の副操席に教官/助教が座る。となり同士で指示も容易、即座に操縦を代われるから、縦列複座（タンデム）よりも転換訓練に適している。たいていの機動は可能だが、宙返りには出力が足りず、のちにキリモミにおちいって機外脱出し尾翼に当たる殉職例があった。

学鷲・第一期特別操縦見習士官として、フィリピンの教育飛行隊で九七戦を経験した渋木速雄見士の、配属部隊は小月の飛行第四戦隊だ。初経験の双発機の左席に座り、九七戦とは違って右手でレバーをにぎる。空中の操舵間隔はなじみやすく、助教の准尉から「うまいな」といわれた。双練の飛行特性と准尉の的確な指導が、二式複戦での果敢な対B－29戦闘に結びつく。

右側に未修者が座る。前方視界は広く、前上方に開いた明り取り窓の効果を知れる。計器板は見やすく、上方に簡易式の羅針儀が付加されている。

百式司令部偵察機の操縦者も双練のお世話を受けた。飛行学校の期間に戦闘から

一式双練の操縦室内。左が習う側の正操縦席、右が教える側の副操縦席。両席間にある出力増減、主脚出入、修正タブ操作などのレバーは２組ずつ。

偵察に分科（修得機種）が変わった少飛十三期の奥末信兵長は、黄河沿いの済南の第十五教育飛行隊で双練にくり返し搭乗。「飛ばしやすい。双発のなんたるかを理解」できた。このとき充分な訓練を受けたため、華北・張家口の六錬飛での百式二型司令部偵察機、ついで千葉県東金の飛行第二十八戦隊での百偵三型乙も支障なくこなして、戦隊長から技倆を認められている。

特操二期は一期の半年後の入隊だが、学生飛行連盟で初歩練習機の九五練三型を少しでも体験した者は、一期へ追加された。うち三九名が満州の白城子飛行学校で、双練の訓練を十九年一月から開始する。白飛校は航法教育が主だから、相当数の甲を持っていた。

初練の単独飛行が未了どころか、わずかに同乗二～三回だけの者もいる。中練の一型はだれもが未経験。初めは左席の計器板の上辺に分かりやすく、レバーとプロペラ・ピッチの状態を表す指示具が特別に付けられた。同乗助教の「習うより、なれろ」の言葉にならい、ろくに初練の操縦桿を握ってこなかったのに、みな無事に五月の修了を迎える。

教育統括の航空総監部では「半数以上が事故だろう」と踏んだが、大きなトラブルは主脚の出し忘れによる胴体着陸一件だけだった。ほぼ素人(しろうと)の集団に双発の経験を与え、かつ機材の欠陥が表れない、手ごたえある素直な操縦性。ほとんどいきなり高練を学ばされた彼らは、白飛校を出て、九七式重爆撃機、百式輸送機、九九式双軽爆撃機を備える各実戦部隊へ転属していった。

双練甲による学びの声②

空襲激化の二十年四月、航空士官学校の五十八期生は実戦に即した戦技教育を、五十九期生はその前段階の基本操縦教育を、ともに満州の各地で始めた。前者は教育飛行隊で旧式実用機を使い、後者はドイツ設計で「ユングマン」と呼ばれた小型複葉の四式練習機で訓練にかかる。

航空士官候補生を縮めて候補生と呼ばれた彼ら一一三五名の五十九期生は、まず四式練で操縦のベースを身につける。七月に促成班と一般班に分けられ、第二十三中隊の促成班はさらに重爆分科と戦闘分科に分離。数機の双練を保有する重爆分科・促成班の飛行場は、満州南東部の温春だった。

一つの組七名が乗って、一人ずつ交代しインストラクターの左に座る。単独飛行の先陣を切ってきた本林信之候補生が、小型双発でも四式練からみれば巨大な双練を、「図体がでかいだけ。操縦そのものは全然難しくない」と受け取るのに時間はかからなかった。

出発係が上げる白旗を合図に、航空士官学校・満州派遣隊の双練甲が滑走を始めた。満州東南部の温春にソ連軍が侵入してくるまで、あと半月ほどだ。

双練の教育は七月末日に、試運転と地上滑走で始まった。翌日から教官による離着陸ののち、本林候補生が直線、旋回飛行の操縦輪を操作し、三舵とフラップの適度な操作感、飛行の安定を味わう。搭乗六日目、場周飛行中にトラブルで片発が停止。若い学鷲少尉の教官が「だいじょうぶ。俺に任せろ」と笑顔で旋回、着陸へ向かう。

八月八日、三度目の場周飛行・離着陸で、彼の訓練が中止される。翌九日未明にソ連軍がソ満国境を破って侵入したからだ。

熟練助教の梶三郎准尉は少飛四期の重爆操縦者。飛行第六十戦隊で日華事変と開戦時のフィリピン戦を戦って、航士校に転属した。つまり九七重のベテランだ。双練を「片発でも対処しやすい、やさしい楽な飛行機」と評する梶さんだが、「着陸で接地し、滑走速度が下がってくると回されやすい」と欠点を述べる。回されるとは、不意に機体後部がグルッと大きく振られる動きだ。胴体の短さが原因、とする彼の判断は納得しうる気がする。

甲は双発操縦教育のほかに、十八年後半から航法訓練にも使われた。地紋航法だけでは洋上飛行をカバーできず、推測航法、天測航法を習得する操縦・航法分科を、将校教育の乙種学生に加えたからだ。

新設の操縦・航法分科の主力機材たる双練甲には、操縦者は主操席に一名、副操席に機上機関（海軍の搭乗整備員）、同乗室（訓練室）に機上無線（同・電信員）の教員／助教一名と学生五名が乗る。乗員室の上部に付加された飛二号方向探知機の大型環状アンテナと、その後ろの半球形天測窓が不可欠の装備だった。

航法教育は白飛校の担当だが、〝現場〟である洋上に出るまでの距離が大きすぎる。そこで新設の宇都宮教導飛行師団へ移行を進め、十九年なかばから航士五十七期と、幹候出身の予備役少尉の訓練を始めた。宇教飛師が保有した双練は六機ほど。

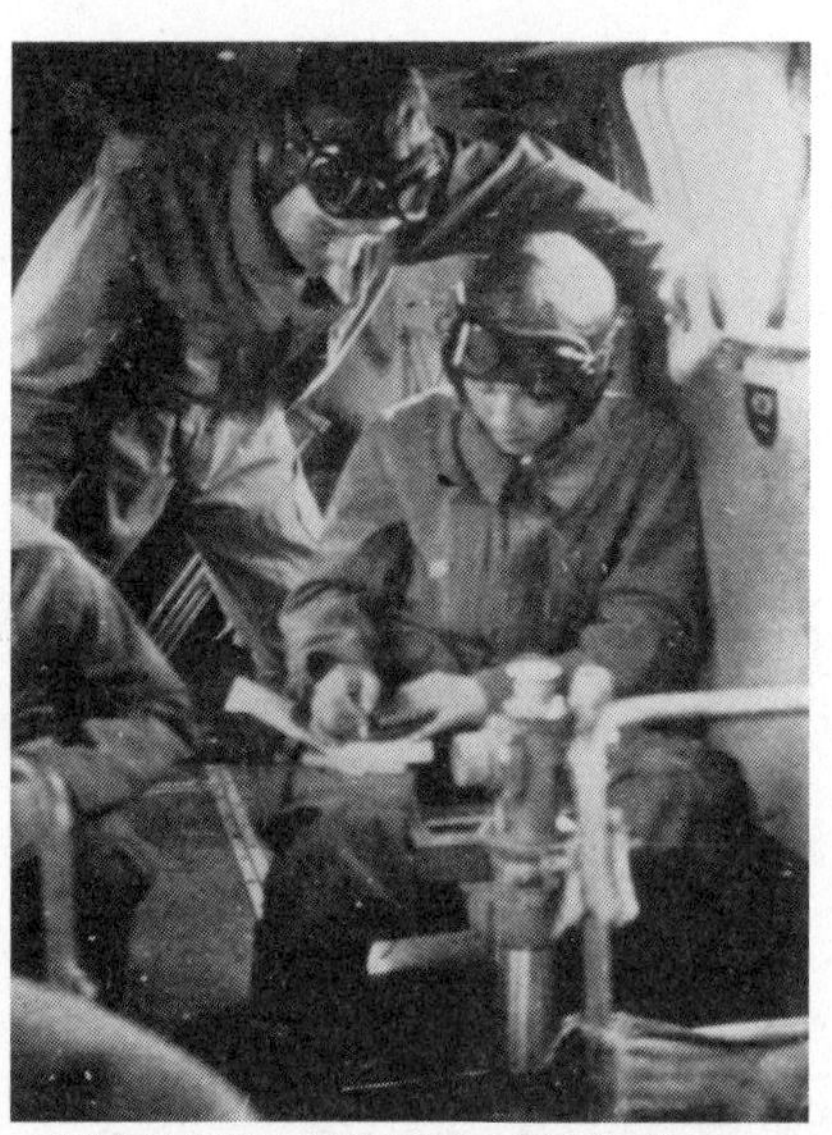

宇都宮教導飛行師団が保有する双練甲の機内で、爆撃・航法を錬成中の少尉が打ち合わせる。座席の前に備えられた爆撃照準具が見える。

襲撃分科から転科した池原裕少尉は、九九式襲撃機の操縦をほぼ終えた五十七期の招集尉官学生だ。教官から「操縦していいぞ」と許され、上空で双練の諸機動を試した。舵の効きはころあいで、すなおな反応。訓練室も作業するのに狭くはなく、そのさいの乗り心地は九七重、九九双軽よりも良好と感じた。

同じく招集尉官学生の予備役将校・佐々木敢吾少尉は歩兵からの転科。訓練搭乗は双練だけだ。夜間の天測をふくめ一通りの航法を習得したのちに、二十年三月末に飛行第百十戦隊へ配属された。時速二〇〇〜二五〇キロで飛ぶ双練で諸データを身体に叩きこんできたが、作戦飛行時の四式重爆撃機は四〇〇〜四八〇キロと大違い。上官の「それじゃ使いもんにならんな」の言葉に、訓練機における低性能のマイナス面を知れるだろう。

銃撃、爆撃を会得する双練乙

当初は三種、のちに一種が加わるバリエーションのうち、火器を装備するのは一式双練乙だけだ。訓練室の上部に突出して設けられた二基の半球形銃塔に、略称をテ四(テはテッポウ、つまり小口径火器)と呼ぶ試製単銃身旋回機関銃二型を、一梃ずつ装備する。

口径七・七ミリ、全長一・〇五九メートル、砲重量九・三キロ、発射速度七三〇発／分。小倉造兵廠製の軽量な機関銃で、試製の名称のまま量産され、九九式の呼称も付いたがテ四が通称だった。軽量で簡便だから、機上射撃訓練にはうってつけと思える。両銃塔のあいだを、半円筒形の透明風防がつなぐ。射手と教官の移動、教官の視野確保などに使うのが目的。

一式双練乙は　胴体の上面に銃塔２基と連絡部天蓋（風防）を背負う。機上射手にとって飛行中の訓練は必須で、銃塔内から撃てればより効果が高い。

胴体側面の両側面の窓の一つにも、テ四を一梃ずつ備えられ、側方射撃の訓練ができる。銃塔と合わせて、一度に四名が機関銃を操作できた。

水戸（十八年十月に移転し仙台と改称）飛行学校などで、予備役将校の射撃教育に有効に運用されたと思われる。地上での照準、射撃、弾倉交換などにくらべて、飛行時の見敵対応や諸動作に格段の修練効果を発揮できたはずだ。

乙にとってその他の主要な用途は、爆撃訓練と通信訓練だろう。

前者は胴体下にならんだ爆弾懸吊架に、演習用で小型の一五キロ爆弾を通常一二発まで取り付ける。爆撃照準器は訓練室に四台備えられ、各々の下方に照準窓が作ってあった。これは甲の航法測定窓と同一のようだ。

後者は重量五〇キロの飛一号無線機を、訓練室に二台積んでいた。照準器とともに普遍的な機器材だから、双練の飛行特性と合わせて顕著な問題は起きなかったと聞いている。

昭和19年(1944年)末～20年初め、満州・温春で飛行第二十八戦隊が持っていた一式双練丙。双発の訓練のほか輸送にも使われた。迷彩塗装の機首に「富士」の機名が書いてある。

輸送任務の双練丙と実戦

陸軍航空の輸送組織のうち、航空輸送部の一〇個飛行隊が規模が大きいが、飛行機自体の空輸が任務だ。人員、物資については航本飛行班、特設輸送飛行隊、軍司令官に直属の輸送飛行隊などがある。百式輸送機（通常同乗員一一名）、九七式輸送機（同一〇名）、一式貨物輸送機（同最大一四名）を用い、飛行師団司令部までの大きな組織なら運用・維持が可能だ。

しかし、小所帯の飛行団、飛行戦隊にとっては、便乗が数名と手荷物一〇〇キロ、あるいは物資三〇〇～四〇〇キロほどの小ぶりな輸送機、連絡機が便利に使える。整備・保守に専用の整備班は、できれば省きたい。

この需要に応えたのが一式双練丙だ。主操一名と副操あるいは機上通信が並列席に座り、同乗室には七〜八席が用意された。操縦室に三名が座り、または同乗室を九名にまで増やすのも可能だったようだ。天測用の半球形天測窓は付いていない。

二式複戦の五十三戦隊では、甲を双発への慣熟にあて、新機の受領や師団司令部で幹部の打ち合わせ時に甲、丙を使用。ほかに連絡飛行には九九式軍偵察機二機を保有した。

同乗一〇名／物資一トンを運べず、一〇〇〇キロの航続が困難な双練に、本格空輸は期待できない。だが、空輸力にゆとりがない陸軍（海軍もだが）は、捷号作戦下のフィリピンへ出動を強いた。

各務原飛行場で百式司偵の操縦者を育てる第十教育飛行隊。十九年秋、百偵のほか双練甲と丙を合わせて十数機持っていた。訓練と並行して、フィリピンへの人員と資材の空輸に従事し、十月初めから十二月二十八日の出動期間中に五機を失った。双練の数少ない実戦行動である。

陸軍航空で例外的に、操縦者以外で搭乗指揮をとれるのが偵察将校だった。甲幹出身の興田基孝（おきた もとたか）中尉は大陸、ニューギニアを飛んだ、電信と地文航法のプロ。十一月五日に十教飛の三機が、前進飛行場の新田原経由で台湾に着いて、翌六日の未明にルソン島クラーク基地群のマルコットに着陸。すぐに部品と薬品の荷物を下ろし、離陸して間もなく敵機につかまった。

岐阜県各務原を出て相模飛行場で部品などを積みこんだ第十教育飛行隊の双練丙が、前進飛行場の宮崎県新田原へ向かうところ。目的地は激戦下のルソン島クラークだ。垂直尾翼に描いた赤丸に太い白の横棒２本が部隊マーク。

第41夜戦飛行隊のグラマンＦ６Ｆ－５Ｎだ。明けかけた空、興田中尉は窓ごしにＦ６Ｆ二機を認識した。双練の対抗力はゼロだ。すぐに二機が落とされ、中尉の乗る機だけが敵弾から逃れられた。

フィリピン戦末期の十二月中旬か、少飛十期出の大橋巌(いわお)軍曹がクラークから、航空輸送部の人員を便乗させ、ルソン北部のラオアグで燃料を入れて帰る未明。やはりＦ６Ｆ夜戦に襲われ、九機中三機を失っている。

敗戦まで一ヵ月半の二十年七月一日、航空審査部飛行実験部が軽輸送用に装備する双練丙が、キ六一（三式戦）整備班を率いる名取智男少佐を京都・大久保飛行場で、飛行実験部長・瀬戸克己大佐を八日市飛行場で乗せて、福生へもどる。

途中で空襲警報が入ったため、詳細を知ろうと浜松に降着。瀬戸大佐は中京への来襲と判断し、福生へ向けて離陸させた。まもなく現われた第531戦闘飛行隊のP－51D「マスタング」に見つかり、飛行場への急速着陸のため大佐はスイッチを切る。撃墜されるよりは、滑走路への急速落下を選んだのだ。同乗室の三名のうち重傷一名。機首が壊れて、機長で主操の大尉と、副操席に替わった大佐は絶命した。

無武装の双練も特攻攻撃を負わされる。熊谷飛行学校が母体の第五十二航空師団では、熊校当時に装備した丙に新造機などを集め加えて、第二百九十九～第三百四振武隊を編成し待機させた。朝鮮の第五十三航空師団でも第三百五～三百十振武隊を用意している。爆弾は胴体下に二式五〇〇キロ一発か。

合わせて一二隊、一個隊が八機だから、本土決戦時に九六機の双練が操縦者一名（多くは技倆がごく低い）とともに無為に失われるはずだった。敗戦受諾がこれだけの生命を救い上げたのは間違いない。

前述の満州・温春で重爆教育の手始めに、双練甲（丙も？）一〇機ほどを有する航士校二十三中隊。ソ連侵入二日後の八月十一日から、「全力で豊岡（埼玉県。航士校の所在地。いまの入間基地）へ向かえ」の命令を受け、定員二倍の十数名を乗せて、南西一四〇キロの敦化、沙河沿へ向かう。

双練に乗れた者たちは列車に乗り継いで、無事に豊岡に帰還できた。空輸の観点、時期のきわどさから、りっぱに役立ったと言うべきだろう。

敵潜を追う双練丁とＹ－39

雷撃による軍艦と輸送船の被害は、年を追って急増した。海軍航空技術廠・計器部の若手技術者チームが、古参部員たちの雑音を排して開発にこぎつけ、十八年十一月に三式一号磁気探知機の名称で制式採用された。略称はＫＭＸだ。

潜水艦船体の磁場による地磁気の変化から、位置をとらえる。十九年四月に九六陸攻にＫＭＸを付けて、晩春から戦果が表われ始めた。陸軍も供与を受け、双練と九九軍偵に装備して実用テストで有効性を確認。新造機の胴体下面に付加して双練丁と名付けた。この対潜哨戒機タイプを、陸軍では磁探機と称し、立川でもこれにならったようだ。

実戦部隊の編成は遅れ、二十年五月初めにまず北辰飛行隊が、南千島ついで新潟沖で双練丁（定数一二機）を使って対潜哨戒。ついで下旬に海燕第一飛行隊が編成（定

松戸中央乗員養成所の駐機場で試運転中のY－39(手前)とAT。どちらも日本のプロペラ輸送機としては及第点を得られる存在だった。

数同）され、朝鮮海峡を警戒した。八月初めには海燕第二隊が北辰飛行隊を編入して、新潟～佐渡、朝鮮半島北東岸を哨戒海域に定めた。これら双練丁があげた戦果は「若干」だったという。

双練甲、乙、丙、丁のほかに、立川Y－39の名称の民間型がある。

逓信省航空局の管轄下に置かれた航空機乗員養成所は、十三年五月から仙台、米子などに設置されていき、一段と高度な技術を学ぶ中央航空機乗員養成所が松戸に作られた。

中央航空機乗員養成所では各種航法、自動操縦などとともに、双発機操縦訓練を受ける。使用機材がY－39すなわち双練と、ATすなわち九七式輸送機だ。卒業者は大日本航空、中華航空など民間航空会社のパイロット、乗員養成所の教官、そして予備役下士官として陸軍に入る。十九年のころには進路を教官に一任するため、陸軍操縦者の補助的な供給源と言えた。

Y－39は双練丙とほとんど同内容だ。したがって操縦感覚も変わらない。戦後に航空が再開されると、小規模の空輸会社から立川に「あれはよかった。なんとか、もう一度作ってくれないか」という、真剣な問い合わせが来たそうだ。

一式双練とY－39を合わせた生産数（試作機をふくむ）は以下のとおり。

昭和十五年七機（十五年四月～十六年三月の十五年度は一七機）、十六年一〇〇機（同一二三機）、十七年二三六機（同二八五機）、十八年三八六機（同四三八機）、十九年四九八機（同四五三機）、二十年一月～八月一一五機（同二十年四月～八月二六機）。合計一三四二機。

立川がもっとも多く作ったのは、中島から転換生産の一式戦闘機で二四九四機。次が九五練一型の二三九八機で、双練は三番目だ。目立たない機材だが、意外に多く量産された存在感と、空勤たちが肯定する性能を、もう少し誇っていいだろう。

あとがき

ドイツ軍対米英連合軍のヨーロッパ戦線や、太平洋戦線でもアメリカ側からの視点で、戦略や戦術、国情などを書く場合は、長篇なら資料だけを使ってなんとかモノにできる。

ところが、後者を日本側から描くとなると、筆法にもよるけれども、特に日本の軍関係者への取材は必要不可欠だった。いかに多種多様な書籍を集めたところで、当事者のストレートな回想に手ごたえで敵う戦史や作戦記録はありはしない（もちろん本人の記憶が正常で、変な歪曲の意識をもっていない条件で）からだ。

短篇の場合、そうはいきにくい。概況説明や数字だけで少ない紙数がつきてしまい、読み手を引きこみ唸らせる起承転結、非尋常な事態を、書き記すだけの余裕がどこにもない。もしあっても、ほんの少しだ。

短篇は、人と機器材（飛行機、エンジン、兵装など）、あるいは人と人（組織、上級者、敵兵など）の範囲にしぼって、そのなかでの時間の流れと出来ごとに焦点を当てている。初期の何作かは飛行機と戦闘経過に終始するが、大半の作品にこのルールを該当させた。

本書「決意の一線機」の各篇も、例外ではない。技術者が心血をそそいだ日々。それぞれ迫りくる敵機をはばもうと、パイロット、技術者が心血をそそいだ日々。それぞれにかたちは異なっても、直接に取材して肉声を聴き、資料を貸与された著者に、軽視などできない強い印象を刻みつけてくれた。

〔ラバウル、フィリピンで難敵を撃墜〕

初出＝「航空ファン」二〇二一年十二月号

多くの撃墜戦果を記録したのに、名前はともかく、経歴を知られていない零戦搭乗員の代表格が杉野計雄さんだった。

本書の刊行から三七年前、初冬の地方都市に降りて訪問したお宅で会った杉野さんは、どんな質問にもためらわないで、言葉をにごさず語ってくれた。

戦中派搭乗員の典型、決して部下を殴らない腕ききは、海軍航空の二大決戦場であるラバウルとフィリピンで、末期までつねに平常心を維持して、空戦をこなしていった。強敵との高密度の空戦、戦友の被墜、自身の重傷。これらの障害を排して内地に帰還する。

驚くのは、フィリピンと内地で、強制的あるいは半強制的になされた特攻要員の指名を、一度も受けていない点だ。職種と立場を表面的に考えれば、特に比島では小隊長として、レイテへの決死出撃を命じられて不思議はない。

そうはさせない因子が確実に存在した。航空記録に記された出撃実績と撃墜破、上級者が知る実力と人間性。台湾でも偶然に再会した司令の配慮が考えられよう。

著者が取材したのちに、杉野さんは戦記雑誌に複数の手記を書き、海軍時代の戦い、生活をまとめた単行本を出した。彼らしい切れ味の文章に高い人格と精神力を覚えたが、記憶の錯誤と編集サイドの改訂によるだろう、著者のノートとは異なる部分が散見された。

当時は、本書のかたちの短篇を逐次に雑誌掲載していなかったため、杉野さんの戦闘履歴を早期に活字にできなかった。自身の対応のおそさを嘆くしかない。

〔二級戦場はP－40が主敵〕
初出＝「航空ファン」二〇二一年十月号

例外が少なくないのは分かったうえで、書いてみる。

海軍航空の二線級部隊や練習航空隊に勤務を命じられる搭乗員で、先任士官または分隊長以上の幹部は、第一線部隊の同一クラスにくらべて劣る場合が見受けられる。〝三役〟の司令、副長、飛行長も同じ、いやいっそう顕著かも知れない。

それに該当する部隊は、機銃がうなり爆弾が炸裂、死傷者を数える実戦に参入しないから、要職のレベルの低さが露見しにくい。転勤まで事なかれ主義の方針ですごせば、海軍省のチェックで任務期間全う(まっと)うの評価が下る。マイナス要因をもつ(または、もっていそうな)戦意にもとる佐官、尉官に辞令を出すには、適度な職場と言えよう。

問題は、状況が変わって、二線級部隊に出動・交戦の必要が生じた場合だ。戦意と機略に富んだ作戦、思いきった戦法をとれず、進撃と攻撃は後手にまわってタイミングを逸し、勇気ある敵に翻弄(ほんろう)されてしまう。その失態が昭和十九年四月五日の華南で生じた。

攻撃準備、進攻態勢の不なれと歪(ゆが)みは、戦況をよめる准士官、ベテラン下士官の行動があっても、ほとんどカバーしきれない。戦争後半の対戦闘機戦には珍しい大幅な数的優位が、まったく役に立たなかった。
ましてP－40Nは低性能機ではない。完敗した海軍戦闘機隊の、齟齬（そご）を生んだ原因を読み取っていただきたい。

〔遠藤分隊長の実像〕
初出＝「航空ファン」二〇二二年三月号
昭和五十年代（一九八〇年代なかば）まで、「『月光』といえば遠藤大尉」「夜空のB－29撃墜王」「ラバウルの夜の王者」などの勇ましい見出しが、彼の記事に付きものだった。
もともと夜戦に関心をもっていた私は、軍航空の著述を仕事にして数年目に「月光」を中心に据えた海軍夜戦隊史を上梓。その過程で、搭乗員を主とする少なくない人々から、遠藤分隊士／分隊長についての思い出をうかがった。
それらはかなりはっきりと区分されよう。兵学校出の将校はあまり論評しない。「月光」の分隊長としての認識を示すにとどめていた。下士官兵から進級した特務士官と准士官には反感の色が感じられ、学生あがりの予備士官はやや懐疑的だが存在感を認めている。

遠藤大尉を仰ぎ見、尊敬する者の大部分は下士官兵である。彼らは大尉から教えを受け、戦闘時は指揮下に従う。遠藤機のみごとな飛行、分隊長の温情ゆたかな対応に全幅の信頼をいだいて、命令や指示に忠実だった。

客観的に見る著者の立場からは、遠藤大尉は東北人の実直さと人情をそなえ、上官にはきっちりと従属する。艦上攻撃機出身だが、選ばれた素質と長期の錬成により空戦機動の操縦は巧み。

ラバウルでは空中戦果は得られなかったが、ひどい落ち度もない。本土上空の戦果は、対B－29邀撃戦のパイオニアと形容して遜色はない。問題は小園司令の過度な期待と、彼の戦果を拡大、喧伝（けんでん）した上級司令部の対処につきる。遠藤大尉が「それは間違いだ」と反論できる環境、ムードなど、存在を許されない時代であり、大尉自身も演技で迎合した事実だろう。

戦果を肯定しなかったのは、ペアを組んだ乙飛予科練の後輩の下士官偵察員だが、告げた相手は指揮官でも報道班員でもない。先輩および同僚との私的な会話のなかでだった。

この問題はわずかな字数では語り切れない。いかなるマイナス事項が挙がろうと、総じて遠藤大尉の存在価値と功績は確実に、しかも多分にあったと著者は判断する。

〔多機種を操縦した予学搭乗員〕

初出＝「航空ファン」二〇二一年六月号、七月号

一気に二二〇〇名もの士官操縦員を生む第十三期飛行専修予備学生。彼らは自分たちが促成の飛行機乗りで、まにあわせの少尉だと分かっていた。

予科練出身者ほどの技倆はなく、兵学校出の気迫ももち合わさない。けれども、行けばいくらかは役に立つのでは、と決意して、赤トンボでの飛行訓練を開始する。すでに退勢の時期に入っていたから、練習航空隊での訓練はかけあしだ。その後に実施部隊に赴任してからも、せいぜい二～三種類の実用機の操縦席につければオンの字で、最初の機種のまま特攻出撃していった者も少なくない。

だから一〇機種を操縦し、フィリピン、台湾、九州で作戦飛行、関東で錬成飛行を実施した佃喜太郎中尉の経験は、出色中の出色と言えるだろう。この経験と操縦適性の高さが、佃中尉を特攻要員対象から遠ざけたのは間違いない。

加えて、戦地の不良な環境でも順応でき、どこの部隊でも上下の搭乗員はもとより、整備員にも好感をもたれる人間性が、生存へのルートを歩ませたと思わせる。自然な生き方にそなわった進取の気性、と言えるのではあるまいか。

〔「震電」の周辺〕

初出＝「航空ファン」二〇〇三年六月

本書の各篇は二〇一一～一二年の月刊誌掲載だが、これはその二〇年近く前に同誌に発表している。そのあと短篇集の単行本に入り、ややたって文春文庫の拙著『決戦の蒼空へ』の一篇に選んだ。

ＮＦ文庫への移行が遅かったのは、本作が気に入らないからでは無論ない。二〇一八年に刊行のＮＦ文庫『海鷲戦闘機』に含むつもりだったのを、実戦譚（たん）に統一しようと考え直して、「『Ｊ改』指揮官の個性」と入れ替えたのだ。それ以降、登場の機会を待たせていたわけである。

一九七五～七六年に取材し執筆した「前翼型戦闘機『震電』」（ＮＦ文庫『兵器たる翼』）では、動力関係の直接取材が手うすだった。四半世紀ぶりにこれを埋めてくれたのが、動力艤装班の西村三男さんと部下だった倉持勝朗さんだ。

まず『震電』を読んだ関善司さんから、版元気付で手紙が届いた。続いて、関さんと倉持さんが同席しての取材。二人の紹介を受けて、西村さんに電話および手紙で質問する。こうした過程であらかたの疑問を解いたのだった。

先方からアプローチを受けた記事は、ものになる可能性が高い。反対に、関さんが感想の手紙を書かなかったらこの記事は生まれなかったと思うと、わが信条である「取材は縁」の味わいが、一段と増してくる。

〔夜空の関門、夜空の東京〕

初出＝「航空ファン」二〇二一年一月号

一九七九年は著者の二十代が終わる年だった。その四月。

二式複座戦闘機で戦った佐々利夫さんは、航空戦史をあつかう出版関係者のあいだでは名が通っていて、多くはないが回想記も発表していた。

最寄り駅まで迎えに来た佐々さんは穏やかで、話し方も落ち着いている。談話をまだ同じスピードで書きとれないから、なにかホッとした。

居間での質疑応答は順調に進んだ。語り口とはいささか違って、内容には迫真感があふれていた。北九州と東京の戦域、昼間と夜間の撃墜。機首砲、上向き砲を用いたB－29攻撃の様相は、事前の予想を大きく上まわる激しさがあった。

戦闘状況だけでなく、防空、邀撃、探知などの方法、システムについても、非常な勉強をさせてもらった。まさしく文武両道の操縦者であり指揮官だった。

話が一段落して、「当時のお写真をお持ちなら、見せていただけませんか」とたずねる。佐々さんの言葉がとぎれ、少しして「ほとんど手元にないんです。アルバムを貸したら返ってこない」と理由を語った。

お茶を出してくれた夫人の顔が、固かった理由はこれではないか、と気づいた。私はすぐにカバンを開けて「少しでもお持ちなら、この場で複写させて下さい」とカメラ、三脚を取り出した。処女作にぜひ写真を入れたい人物だから。佐々さんの表情は柔和にもどり、残っていた数枚を机上に置いてくれた。貸出し先は明かしてくれなかったが。

盗人の正体に見当が付いたのは、ずっとあとだ。戦前・戦中の日本軍関係の単行本を出していた出版社で、著者兼顧問的な立場にあった人物だった。もう三年早かったら、アルバムを取り返して、生前の佐々さんに手わたせたのに。

人格者で、他人を悪しざまに言えない佐々さんは、青春時代のかけがえのない記録を、厚意の見返りに失った。私にとっても、ある意味で苦い思いの取材だった。

〔重爆教官から邀撃指揮官へ〕

初出＝「航空ファン」二〇一二年十月号

長身の永末昇さんに会って、戦闘機の操縦席は狭いのでは？　が第一印象だった。だが、重爆撃機からの転科と聞いて納得し、続いて、的確な語り口にその質問を忘れてしまった。

重爆分科の乙種学生を終えるころ、教官適認証を受けている。これは普通の操縦要員ではなかなかもらえない証明で、浜松飛行学校での勤務を命課され教官の任務をこなしたほかに、転科し三式戦部隊に着任後も、部下たちに戦闘教育をほどこしたのだから、教官適任を認めた上級者の目は確かだった。

もう一つは、巨大なB－29、性能的にまさるF6Fを前にして、逸(はや)らず怯(おび)えず、冷静に対応した度量と落ちつきだ。永末さんと話して、理解しやすい言葉づかいに気づいたとき、本質的にこういう人だと分かった。教官にも指揮官にも向いている。

三式戦の一型と二型を比較して、確かに二型が良好なのを認めるが、大幅に向上しているわけではない、と説明された。同じ感覚を抱く二型経験者が少数だがいて、いずれもが〝血気に逸(はや)らない〟タイプだった。

二型への評価をしぼったのが搭乗機の不出来によるものではないとすれば、操縦者の性格的特質との関連を調査すべきだったのかも。

〔最後の制式重爆　評価と塗装の変化〕

初出＝「航空ファン」二〇二一年十月号

陸軍航空で戦闘機に次いで人気があるのが百式三型司令部偵察機。僅差で続くのが四式一型重爆撃機「飛龍」だろう。人によっては（著者も）四式重が百偵の前にくる。

作戦期間が敗色にまみれた一〇ヵ月にすぎず、劣勢のフィリピン戦、特攻以外に策がない沖縄戦で苦汁をなめた。海軍の陸上爆撃機「銀河」に似て、名のみ高い非有効兵器だった。

四式重が重爆部隊でどう運用され、どう使われたか。それまでの重爆と比較して、どう評価されたか。中国大陸でなら役立つが、太平洋ではB-25以下ではなかっただろうか。そうした疑問を、実戦部隊の使用者の言葉で確かめてみようと思った。

また、敗色が濃い空でだけ飛んだから、大戦後半の陸軍機に多く用いられた上面・暗緑、下面・明灰色は、登場初期だけで、下面・黒あるいは全面・暗灰色または黒か暗褐色といった、イレギュラーな塗装がかなり多い。この点についても、搭乗した空中勤務者の声を聞いた。

〔双発練習機の知られざる実績〕

初出＝「航空ファン」二〇二二年十二月号
ＮＦ文庫の拙著『航空戦士のこころ』に収めた「手製の上向き砲は闘った」に、東京の中学生で飛行機に熱中した栗原孝君が登場する。調布の独立飛行第十七中隊・空中勤務者と知り合え、百式司偵を見せてもらった。

それから半年後の昭和二十年七月三日、農作業の勤労奉仕で群馬県南部の島村（今は伊勢崎市内）に来ていた。東に太田の中島飛行機があり、新造機や防空戦闘機などの機影を見られる楽しみがあった。

午後二時すぎ、土手の水田で雑草取りの作業中に、爆音に目を向けると、「一式双練」（と呼んでいた）が単機で利根川の上を飛んでくる。たいていの機名を当てられる栗原君にとっても、見かけない珍しい機影だ。ライトグレイの双練はグーッと降下すると、川面から一〇メートルほどしかない高圧線の下をくぐって、そのままの高度で飛び去った。

この種の危険な飛行は、もちろん訓練にはない。栗原君は驚嘆した。

翌四日、部屋で爆音を聞いて表へとび出すと、二～三機の双練が航過していった。やはり飛行機ファンの従兄（いとこ）が「あれは菊水隊だぞ」と、中島の社員から聞いた話を彼に教えてくれた。「菊水隊」は特攻隊を意味する。

七七年前に栗原さんが目撃した双練は、第二九九〜三一〇振武隊の装備機に間違いないだろう。島村から南へ十数キロの児玉飛行場で訓練していたからだ。双練の最後の任務が特攻攻撃なのは、内地でも満州でも変わらなかった。

ある意味で、長篇よりも手間がかかる短篇集の編集作業を、過不足なく仕上げてくれたNF文庫の小野塚康弘さんから、タイトルについて打診があった。

いつものように私なりの判断で提示した表題が、「飛行機ものと分かりにくいですね。表現的にもおとなしいんで」と、再考をうながす意見だった。この指摘は当を得ていて、すぐに私も賛同した。

小野塚「渡辺案から『決意』をもらいます。その前か後ろに、航空を思わせる語を」

渡辺「それじゃあ『決意の第一線機』は？　ちょっとまだるっこいから『第』を外しますか」

小野塚「『決意の一線機』ですね。それで進めましょう」

こんなやり取りをへて、本書のタイトルが決まった。

副題は旧・渡辺案のタイトルと副題をまぜ合わせて、「迎え撃つ人と乗機」はどうですか、と小野塚さん。「そうすると主題、副題ともラストが『機』だから、『俊翼』か『銀翼』に変えましょう」「『銀翼』が分かりやすくてベターですね」

かくして著者も納得し、変更は成立をみた。

二〇二三年三月

渡辺洋二

NF文庫

決意の一線機

二〇二三年四月二十二日　第一刷発行

著　者　渡辺洋二

発行者　皆川豪志

発行所　株式会社　潮書房光人新社

〒100-8077　東京都千代田区大手町一-七-二

電話／〇三-六二八一-九八九一(代)

印刷・製本　凸版印刷株式会社

定価はカバーに表示してあります

乱丁・落丁のものはお取りかえ致します。本文は中性紙を使用

ISBN978-4-7698-3305-5　C0195

http://www.kojinsha.co.jp

NF文庫

刊行のことば

第二次世界大戦の戦火が熄んで五〇年――その間、小社は夥しい数の戦争の記録を渉猟し、発掘し、常に公正なる立場を貫いて書誌とし、大方の絶讃を博して今日に及ぶが、その源は、散華された世代への熱き思い入れであり、同時に、その記録を誌して平和の礎とし、後世に伝えんとするにある。

小社の出版物は、戦記、伝記、文学、エッセイ、写真集、その他、すでに一、〇〇〇点を越え、加えて戦後五〇年になんなんとするを契機として、「光人社ＮＦ（ノンフィクション）文庫」を創刊して、読者諸賢の熱烈要望におこたえする次第である。人生のバイブルとして、心弱きときの活性の糧として、散華の世代からの感動の肉声に、あなたもぜひ、耳を傾けて下さい。

＊潮書房光人新社が贈る勇気と感動を伝える人生のバイブル＊

NF文庫

日本の謀略
なぜ日本は情報戦に弱いのか

楳本捨三

蔣介石政府を内部から崩壊させて、インド・ビルマの独立運動をささえる——戦わずして勝つ、日本陸軍の秘密戦の歴史を綴る。

知られざる世界の海難事件

大内建二

世界に数多く存在する一般には知られていない、あるいはすでに忘れ去られた海難事件について商船を中心に図面・写真で紹介。

「月光」夜戦の闘い
横須賀航空隊vsB－29

黒鳥四朗 著
渡辺洋二 編

昭和二十年五月二十五日夜首都上空…夜戦「月光」が単機、B－29を五機撃墜。空前絶後の戦果をあげた若き搭乗員の戦いを描く。

英霊の絶叫
玉砕島アンガウル戦記

舩坂 弘

二十倍にも上る圧倒的な米軍との戦いを描き、南海の孤島に斃れた千百余名の戦友たちの声なき叫びを伝えるノンフィクション。

日本陸軍の火砲 高射砲
日本の陸戦兵器徹底研究

佐山二郎

大正元年の高角三七ミリ砲から、太平洋戦争末期、本土の空を守った五式一五センチ高射砲まで日本陸軍の高射砲発達史を綴る。

戦場における成功作戦の研究

三野正洋

戦いの場において、さまざまな状況から生み出され、勝利に導いた思いもよらぬ戦術や大胆に運用された兵器を紹介、解説する。

＊潮書房光人新社が贈る勇気と感動を伝える人生のバイブル＊

NF文庫

大空のサムライ　正・続

坂井三郎

出撃すること二百余回——みごと己れ自身に勝ち抜いた日本のエース・坂井が描き上げた零戦と空戦に青春を賭けた強者の記録。

紫電改の六機　若き撃墜王と列機の生涯

碇　義朗

本土防空の尖兵となって散った若者たちを描いたベストセラー。新鋭機を駆って戦い抜いた三四三空の六人の空の男たちの物語。

私は魔境に生きた　終戦も知らずニューギニアの山奥で原始生活十年

島田覚夫

熱帯雨林の下、飢餓と悪疫、そして掃討戦を克服して生き残った四人の逞しき男たちのサバイバル生活を克明に描いた体験手記。

証言・ミッドウェー海戦　私は炎の海で戦い生還した！

橋本敏男
田辺彌八ほか

空母四隻喪失という信じられない戦いの渦中で、それぞれの司令官、艦長は、また搭乗員や一水兵はいかに行動し対処したのか。

『雪風ハ沈マズ』　強運駆逐艦 栄光の生涯

豊田　穣

直木賞作家が描く迫真の海戦記！　艦長と乗員が織りなす絶対の信頼と苦難に耐え抜いて勝ち続けた不沈艦の奇蹟の戦いを綴る。

沖縄　日米最後の戦闘

米国陸軍省編
外間正四郎訳

悲劇の戦場、90日間の戦いのすべて——米国陸軍省が内外の資料を網羅して築きあげた沖縄戦史の決定版。図版・写真多数収載。